U0079255

美麗宅急便

越讀越美麗，從頭到腳寶貝你自己

作者：ESME FLOYD

十力文化

CONTENTS

skincare 護膚

★ 抗衰老
★ 清潔和保養
★ 藥用化妝品和特效成分
★ 面霜和精華液
★ 去角質膏與磨砂膏
★ 皮膚問題
★ 爽膚水
★ 抗皺

清潔和
保養

抗衰老

藥用化妝
品和特效
成分

面霜和
精華液

去角質膏
與磨砂膏

皮膚問題

抗衰老

●保護上了年紀的皮膚 ●留意β胡蘿蔔素 ●及早開始做起 ●不要扮鬼臉 ●找出硒元素 ●消除細紋 ●打造沒有皺紋的肌膚 ●別小看葡萄的作用 ●遠離日曬 ●睡美容覺 ●獲得碧蘿芷 ●戒菸 ●針對老人斑的曲酸 ●強化唇部的色彩 ●攝取足夠的水分

1. 保護上了年紀的皮膚 臉部皮膚是全身肌膚最細嫩的部分，並且隨著年齡的增長，會變得越來越薄和乾燥。它需要額外的保護，特別是在氣候惡劣的冬季，要經常保濕，避免使用刺激性的爽膚水。

2. 留意β胡蘿蔔素 β胡蘿蔔素是一種有效的純天然抗衰老的抗氧化物，它是新鮮的黃色和紅色食物中的一種色素，在人體中轉化成維生素A以生成新的細胞。可以從杏、桃子、油桃、甘薯、胡蘿蔔和綠葉蔬菜中攝取。

3. 找出硒元素 魚類、紅肉（指牛、羊肉等）、雞肉、穀物和雞蛋裡富含硒元素，它是一種抗氧化物，可以和維生素E一起防止污染物引起的皮膚老化和癌症。健康的食品來源還包括含油豐富的堅果、種子和鱷梨。

4. 及早開始做起 最好在30～40歲就開始用抗皺產品，這樣能夠發揮最大的效果。如果在這個年齡之前使用，它們的養分會對年輕的皮膚造成營養過剩。

5.不要扮鬼臉 扮鬼臉或做出特殊的面部表情，會導致眉毛和眼部之間產生細紋或皺紋。只要注意你的面部表情（特別是在日曬時），就能防止它們的出現。

6.消除細紋 為了防止皮膚老化，並保持眼部周圍的細嫩皮膚緊致，25歲以後每天早晚要在上下眼瞼處塗抹眼霜。

7.打造沒有皺紋的肌膚 如果你希望肌膚能像番茄一樣光滑，那就吃番茄吧。番茄裡富含茄紅素，它作為一種抗氧化劑，是肌膚的好朋友，同時也被認為可以減少罹患癌症的風險。烹調過的番茄可以使茄紅素更容易被吸收。

8.別小看葡萄的作用 白藜蘆醇是紫葡萄中的一種多酚，它也是一種抗氧化劑和防癌物質，有助於消除由於日曬和外界污染造成的損害，促進皮膚在受傷後進行自我修補恢復。除了食用葡萄，還可以選擇美容院裡的葡萄油按摩保養，也可以使用含有該成分的產品。

9.遠離日曬 90％和皮膚老化有關的問題都是由於過多的日曬所引起的，因此保持皮膚年輕最好的辦法就是遠離日曬。

女人就是要懂得保養，皮膚才會水噹噹。多吃番茄、葡萄，正中午不要曬太陽，白天要擦隔離霜喔！

10.睡美容覺 睡眠是減少衰老現象最好的方法之一，可以讓皮膚在夜間得到恢復。如果你睡不著，不要讓室內溫度過高，在18～24℃的環境裡睡眠品質最好。

11. **獲得碧蘿芷** 碧蘿芷（Pyc-nogenl）是一種在松樹皮裡發現的抗氧化物，它富含維生素A、C、E和抗老化物質。它有消除和防止皺紋的作用，所以想要更好更有效地抗衰老的話，留心一下產品成分列表裡有沒有這種成分。

12. **戒菸** 由於循環不好，吸菸者的皮膚看上去顯得灰黃，吸菸的動作也會使得嘴部周圍產生明顯的細紋。為了消除這些皮膚老化的跡象，要及時戒掉菸癮，並且避免待在充滿二手菸的環境裡。

13. **針對老人斑的曲酸** 曲酸於1989年在日本被發現，它提取自菌類植物，可以用來治療諸如雀斑和老人斑之類的膚色不均勻等問題。它對皮膚溫和不刺激，經由滲透皮膚表層，抑制黑色素生成，改善不均勻的膚色。4～6周後即可見效。

此外，維生素A和桑樹提取物也具有均衡膚色的功效。

14. **強化唇部的色彩** 正確的化妝也能達到看上去年輕的效果。不要在眼部周圍化妝，要強化唇部的色彩，這樣可以減少對眼部周圍細紋和皺紋的注意力，而把重點放在唇形和下頜上，讓人看起來更年輕。

15. **攝取足夠的水分** 全身肌膚的健康取決於適量的水合因子（hydration），如果沒有喝足夠的水，皮膚會因為缺水，而引發鬆垂和細紋現象。每天最佳的飲水量是2.5公升。

清潔和保養

●謹防過度清洗 ●讓皮膚喘口氣 ●蒸掉污垢 ●擴大清洗範圍 ●清潔鼻尖 ●睡前清洗 ●注意眼部清潔 ●最佳的清潔方法 ●頭髮少接觸皮膚 ●清洗雙手

1.謹防過度清洗 過度清洗是造成敏感性皮膚的主要原因，它會導致皮膚的天然保護層受損。一定要使用適合你膚質的洗面乳，而且注意不要使用過量。

2.讓皮膚喘口氣 面霜用得過多會阻止油分從皮膚中滲出，形成污垢堵塞毛孔，引發種種肌膚問題。偶爾在夜間停用晚霜，讓你的皮膚透透氣，進行正常的自我調節。

3.蒸掉污垢 這裡有一個快速、深層清潔的方法：把沸水倒入碗裡，加入檸檬汁和玫瑰花瓣，把你的臉湊近碗的上方，頭上裹一條毛巾。蒸汽會使你精神振奮，對呼吸也有幫助，還能夠減少黑頭粉刺。接著清潔臉部並且用冷水沖洗，可以收縮毛孔。

4. 擴大清洗範圍 記住在清洗、滋潤和臉部護膚時，要包括髮線到鎖骨之間的區域，不要忽略了頸部的肌膚。這部分的肌膚不僅柔軟細膩，而且非常貼近甲狀腺和喉頭，所以要輕輕地清洗。

5. 清潔鼻尖 在洗臉時，許多人往往會忽略鼻尖部位，而導致那裡出油和發亮。請在鼻尖畫圈按摩，徹底清潔整個鼻子。

6. 睡前清洗 雖然是老話重提了，但還是要再次提醒你，千萬不可以沒卸妝就去睡覺。這會阻止皮屑的褪落和皮膚的呼吸，進而導致色斑和黑頭粉刺的產生。

7. 注意眼部清潔 好的眼部卸妝液要比洗面乳的效果佳，它含有的油質成分可以溶解化妝品，比一般的洗面乳和爽膚水的效果好而且更迅速。然後像往常一樣清洗即可。

8. 最佳的清潔方法 你每天早上做的第一件事情應該是好好照照鏡子。注意兩頰的乾燥部位和T字區的油脂。荷爾蒙的分泌、季節、環境和飲食都會影響你的皮膚，而且會很明顯，因此你要做相應的調整。在清晨化妝前，一定要先徹底清潔臉部，並塗抹潤膚霜來舒緩皮膚。

9. 頭髮少接觸皮膚 保持頭髮的清潔並且盡量少接觸到皮膚，否則會造成皮膚油膩，特別是晚上睡覺時，頭髮會摩擦皮膚，造成斑點和污垢的產生。

10. 清洗雙手 在手指接觸皮膚前確保雙手乾淨。使用粉底液時，借助海綿和粉底刷，可以讓妝容更均勻柔和。

藥用化妝品和特效成分

●大豆能使皮膚光滑 ●木瓜中的木瓜酵素 ●倒捻子素的神奇功效 ●棉花中的有效成分 ●維生素C的與眾不同 ●黃瓜和麝香草 ●求助於果酸 ●微粒礦物質 ●甘草可以提升皮膚的亮度 ●使用維生素E ●蝦青素利於消除皺紋 ●魚軟骨 ●有機硅 ●金盞花的作用 ●鋅 ●植物蛋白 ●維生素B5修復細胞組織 ●紅花油 ●消脂療法讓你變年輕 ●類維生素A的再生作用 ●植物酸消除紅皮膚現象 ●左旋C的好處 ●針對色素沉澱的對苯二酚 ●淡化雀斑 ●鎂礦物 ●玻尿酸 ●使用乳酸 ●給肌膚一頓大餐 ●防止皮膚鬆弛的類肉毒桿菌 ●為自己準備維生素C ●手不要觸碰油膩的皮膚

1.大豆能使皮膚光滑 大豆中的蛋白質能夠暫時性地使皮膚看起來光滑，如果經常使用，可以讓肌膚變得緊致且更富彈性。在現代高科技製成的面霜裡多含有此成分。

2.木瓜中的木瓜酵素 木瓜中含有木瓜酵素，它是一種純天然的、無毒無害的植物性藥物，可以分解皮膚中的死細胞，所以它是面膜和去角質膏中的有效成分，可以深度清潔但不損傷皮膚，並使晦暗的肌膚變得光滑、細膩。

3.倒捻子素的神奇功效

如果你正為皮膚發紅、長斑或因毛細管破裂而發愁，那就看看你使用的面霜裡是否含有倒捻子素（Mangostin）。它提取自山竹果，已被證明有減少紅斑、黑斑和其他與循環系統有關的皮膚問題的功效，與維生素A、C和E等抗氧化物同時使用效果更佳。

4.棉花中的有效成分

棉花是新近流行的天然成分，對乾燥的肌膚特別有效。棉籽油中的物質能幫助皮膚鎖住水分，更持久地保持盈潤。

5.維生素C的與眾不同

維生素C（又稱抗壞血酸）有提亮膚色的作用，幫助血液循環和膠原蛋白的生成，可以產生緊致和光滑皮膚的效果。它是生成膠原蛋白不可或缺的元素。柑橘類的水果、藍莓、奇異果等均富含維生素C；在精華液、乳霜和其他美容產品中也可以找到它。

6.黃瓜和麝香草

黃瓜和麝香草裡含有抗炎和殺菌的物質，可以舒緩發紅及過敏的皮膚，兩者同時使用效果更佳。

7.求助於果酸

在許多抗衰老的產品中都可以發現果酸（AHAs），它是取自有果植物的一種有機物，所以被稱為「果酸」。它有助於膠原蛋白的生成，使皮膚更加緊致和豐盈，同時也能分解凝住死細胞的「膠水」，洗去或清潔老化的角質，促進新細胞的生成。

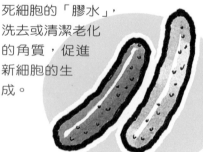

8.**微粒礦物質** 含有超微粒鈦和氧化鋅礦物質的化妝品提供防曬保護，並且能減少發癢和紅腫的現象。由於這些物質完全由微粒礦物質組成，它們不會滋生細菌，所以可以安全地用於敏感性肌膚和皮膚保養。

9.**甘草可以提升皮膚的亮度** 甘草（Liquorice）提取物被證明對肌膚具有舒緩和提升亮度的作用，使用幾個月後，有助於淡化老人斑和曬斑。現在許多抗衰老乳霜中都添加有此成分。

10.**使用維生素E** 面霜和防曬乳液一般都含有維生素E，它能有效地針對UVA和UVB的損害形成保護作用，有助於防止過早老化的現象發生，並促進生成膠原蛋白，使得肌膚看上去更加年輕。

11.**蝦青素利於消除皺紋** 蝦青素（Astaxanthin）是胡蘿蔔素中的一種葉黃素類色素，它是有效的「超級」抗氧化劑。它取自天然油脂，對皮膚有再生和恢復年輕的作用。它

有抗炎作用，能夠豐盈肌膚，減少斑點和皺紋。蝦青素提供極佳的保護，防止環境對皮膚造成傷害。

12.**魚軟骨** 尋找含魚軟骨成分的抗衰老霜。這種成分可以促進皮膚中膠原蛋白和彈性纖維的生成，使肌膚看上去更年輕、緊致和飽滿。它能消炎而且抗血管增生。

13.**有機硅** 濃縮的有機硅透過提供角蛋白生成所需的基本單位，供養頭髮和指甲中所需的角蛋白。這類產品通常取自海螺殼，它同時也含有其他一些海洋精華。

14.**金盞花的作用** 在許多化妝品包裝上都寫著含金盞菊，它天然不刺激，對舒緩痠痛、皮膚的水腫非常有效，敏感性肌膚非常適用。

15.鋅 鋅是礦物精華中對皮膚最有效的物質，它對皮膚由內而外的再生有直接的作用，不僅對問題皮膚和老化皮膚有幫助，還能使肌膚顯現生機，煥發健康的光澤。

16.植物蛋白 短期使用某些植物蛋白被證明和護膚美容院裡的保養一樣有效，可以舒緩皮膚，減少皺紋。

17.維生素B5修復細胞組織 維生素B5有助於修復細胞組織，使皮膚看上去顯得更光滑、更年輕，因為它解決了深層的皮膚問題，防止產生斑點和皺紋。

18.紅花油 越來越多的化妝品公司開始發現用紅花油製造和提煉成乳液所帶來的利潤。這種產品能增加皮膚對油分的吸收而又不會油膩，所以它是抗皺面霜的極佳選擇。

19.消脂療法讓你變年輕 消脂療法，即把維生素、礦物質和抗氧化劑注射入皮膚的間皮層，透過補充細胞所必需的維生素，改善膚質，增加肌膚的活力。維生素A、E、C、D和B有助於皮膚的緊致、嫩白和光滑。

20.類維生素A的再生作用 類維生素A是一種維生素A的化合物，在醫學處方上叫做維A酸，藥用化妝品中稱做松香油（retinol）。它有助於深層皮膚的再生，減少細紋和皺紋，促進膠原蛋白和彈性蛋白的生成，幫助表層死皮的脫落。

21.植物酸消除紅皮膚現象 植物酸，又稱β羥基酸，內含水楊酸，它的化學成分有助於去除死皮細胞。具有消炎作用，能減少皮膚紅腫現象，比果酸溫和，也可以治療粉刺。

22.左旋C的好處 硫酸鋅產品如左旋C，取自純天然植物，有時也取自貝類，它有抗衰老的作用，能夠鎖住水分使皮膚

變得光滑，清潔臉部肌膚毛孔中的污垢，改善膚色、亮度和紋理。

23. 針對色素沉澱的對苯二酚 對苯二酚（Hydroquinone）是在護膚霜裡的一種化學成分（很多品牌的化妝品都含有此成分），能夠減緩由於色素沉澱引起的膚色不均勻。通常將其摻入玻尿酸裡，進一步柔軟皮膚中的組織。

24. 淡化雀斑 曲酸和熊果苷（arbution）是對苯二酚的天然替代品，可調節皮膚的黑色素層，有效地消除色素沉澱。它們已被證明可以有效地淡化老人斑、雀斑和曬斑。

25. 鎂礦物 鎂有助於緊致表層肌膚，促進新細胞的生成，進而減少面部的細紋和皺紋。在活膚抗衰老磨砂膏裡經常能發現這種成分。

26. 玻尿酸 玻尿酸是細胞內極有活力的成分，它有助於豐盈肌膚。用在面膜和營養乳中效果最佳。

27. 使用乳酸 乳酸是補充水分的有效成分，因為它能鎖住塗抹在肌膚上的滋潤霜和乳液中的水分。在防皺和抗衰老的產品中特別有效。

28. 給肌膚一頓大餐 肌膚是在你吃到好東西後最後才能受益的器官，所以即使你的飲食很豐盛，通常也只有少量珍貴的營養物可以剩下來。因此，請選擇富含鈣、鎂和鋅等必需礦物質的美容產品來加強臉部肌膚的保養。

29. 防止皮膚鬆弛的類肉毒桿菌 類肉毒桿菌是面霜和體霜中的一種配方，內含緊致肌膚的因子、彈性增加劑和保濕因子，可以明顯地減少皮膚的鬆弛痕跡和皺紋。

30. **為自己準備維生素C** 維生素C是天然的皮膚保護者，對膠原蛋白的形成非常重要。作為一種抗氧化劑，它能摧毀由於污染、壓力和不健康的飲食所導致的有害自由基。自由基會侵襲肌膚，造成過早老化的現象，所以滋潤霜和膳食中的維生素C必不可少。

31. **手不要觸碰油膩的皮膚** 觸碰、撫摸和臉部按摩都會引發皮膚的脂肪腺分泌出更多的皮脂，對油性皮膚來說是個大忌。所以，如果你希望皮膚清爽，不要用手去觸碰臉部。

不要用手碰臉啦，更不可以摳青春痘，手上細菌會感染皮膚的。

面霜和精華液

●慎用對苯二酚 ●少量即可見效 ●日霜和晚霜 ●提升亮度的精華液 ●每次只用一種滋潤液 ●夜間美容 ●緊致和滋潤 ●針對混合區域 ●阻擋紫外線 ●全天候保濕 ●精華液非常有效 ●夜間保養 ●小心對待敏感性肌膚 ●充分利用 ●防止皮膚過敏

1. **慎用對苯二酚** 對苯二酚是美白面霜中常見的成分，但是因為它會殺死肌膚表層細胞，有人覺得它會使得皮膚看上去衰老並引發過敏。要慎用。

2. **少量即可見效** 不要以為保養品塗得越多越有效。許多好的產品都是高度濃縮的，所以只要用很少量就能達到效果。

3. **日 霜 和 晚 霜** 要將日霜和晚霜分開使用。日霜能使皮膚迅速吸收並且隔離化妝品，而晚霜則用於滋潤清洗後的乾淨肌膚，使皮膚柔軟。

4. **提升亮度的精華液** 和潤膚霜的容易吸收相比，瓶裝或針劑的精華液有著更潤滑的結構，能提升肌膚的亮度來改善膚色。它們能快速有效地改善肌膚的肌理。

5. **每次只用一種滋潤液** 有一個常見的錯誤是：購買幾瓶差不多功效的產品，然後全部打開並交替使用。如果你這麼做了，很可能在你還沒有用完這些產品時，有效期限就到了，結果是產品的變質和失效。

6. **夜間美容** 睡美容覺已經不是什麼秘密了。在睡眠期間，肌膚會自我修復和再生，那就是晚霜是滋潤的上好選擇的原因。在睡前給皮膚補充水分，可以促進它的自我修復。

7. **緊致和滋潤** 對於乾燥或成熟肌膚，緊致精華液和有治療效果的滋潤霜能給皮膚增加活力。

8. **針對混合區域** 含有果酸的滋潤產品可以同時保養和平衡肌膚的乾燥及油膩區域。有的洗面乳還能既滋潤乾燥區域又去除油膩區域的油脂。

9. **阻擋紫外線** 經常使用SPF值為15的潤膚霜來保護肌膚免受陽光的傷害。根據現在的配方，我們沒有必要同時使用防曬霜和潤膚霜。

今天紫外線過量，我出門還特別選用SPF15的日霜喔！

10. **全天候保濕** 每一種類型的肌膚都需要全天候保濕，所以請選擇一款適合你的產品。輕薄的凝膠和簡單的潤膚霜更適合年輕和敏感性皮膚。

11. **精華液非常有效** 不論是擠壓式或者瓶裝的精華液均含有強效抗衰老物質，如抗氧化劑和果酸。一些精華液適用於日常使用，用在滋潤霜之前；另一些則適用於短時間或者夜間使用。

12. **夜間保養** 挑選特殊產品在夜間使用，它們應該含有維生素，具有特別好的吸收功能，能促使肌膚中的細胞在夜間修復再生。

13. **小心對待敏感性肌膚** 如果你是敏感性肌膚，而且很容易對化妝品產生過敏，須堅持用簡單天然的、不含任何抗衰老或果酸成分的產品。這樣就可以補充天然滋潤且不會引起任何問題。

14. **充分利用** 在塗完面霜後，不要把留在手上多餘的面霜拭去或洗掉，而是把它塗在手背和手指上，讓這些部位長期得到很好的保養，看起來會更加年輕。

15. **防止皮膚過敏** 使用含有溫和的氫化可體松的面霜，它適用於容易出疹和泛紅的問題皮膚。這種抗炎的產品有助於皮膚保持健康狀態。

挖太多面霜了，多的就拿來塗塗保護雙手吧！

去角質膏與磨砂膏

●去除特別的肌膚 ●自製磨砂膏 ●鱷梨美容 ●刷去嘴唇死皮 ●消除刺痛感 ●小心地去角質 ●避開陽光 ●去除手肘死皮 ●天然的海鹽 ●周周去死皮 ●去除體毛 ●不要混用臉部和身體的去角質膏 ●不要忽略臀部肌膚 ●經常滋潤肌膚 ●溫和地去角質 ●火山岩泥有益於油性皮膚 ●去除小凸塊 ●幫助新陳代謝

1. **去除特別的肌膚** 殘留在肌膚表層的死皮細胞會很快變得乾燥然後脫落，用沐浴刷或磨砂膏把死皮去除，是讓肌膚看起來光滑、充滿活力和膚色均勻的最佳辦法。

2. **自製磨砂膏** 在一大湯匙的橄欖油裡加入少許粗鹽，自製超級光滑皮膚的磨砂膏。在濕潤的皮膚上按摩，可以清潔皮膚、去除角質和軟化粗大的毛孔，洗出美麗來。

3. **鱷梨美容** 用小杵把鱷梨核研磨成碎末，然後再加入一點優格、奶油或鱷梨肉，就成了自製的天然按摩膏。用這種混合物來按摩皮膚，然後清洗乾淨，可以使皮膚水嫩嫩的喔。

4. **刷去嘴唇死皮** 如果你的嘴唇非常乾燥而且脫皮，塗上一點潤唇膏，然後用一把柔軟的乾牙刷畫圈輕刷嘴唇，幫助促進血液循環，使潤唇膏滲入皮膚深層的同時，去除所有的死皮。

5.**消除刺痛感** 一般來說，在使用按摩膏後皮膚有刺痛感時，說明你所使用的產品刺激性過大；但是如果在使用果酸或水楊酸去角質膏後15分鐘內有疼痛感是正常的，這是由於它們的化學作用所導致的。

6.**小心地去角質** 不要過度用力揉搓臉部或者用磨砂顆粒粗大的去角質膏，而是應該選用顆粒小的產品，每周使用一次。如果你的皮膚看上去發紅或者膚色不均勻，可能是因為你使用不當。

7.**避開陽光** 剛剛去角質的皮膚非常容易受到陽光的損傷，所以如果去角質後要暴露在太陽下，應該塗抹防曬霜。

8.**去除手肘死皮** 如果你的肘部非常乾燥，將少量按摩膏塗在掌心打圈揉搓肘部。這種方法對你手臂上的肌膚來說太刺激了，但是對去除肘部的死皮很有效。

9.**天然的海鹽** 海鹽是純天然的去角質成分。它的顆粒不僅有助於無損傷地、溫和地去除角質，天然的治療和抗菌成分還可以讓肌膚光滑、柔軟，免除許多皮膚問題。

10.**周周去死皮** 你應該每周用一次去角質膏來去除死皮。這樣做不僅能讓皮膚看起來充滿活力和容光煥發，還能有助於護膚產品滲透皮膚表層，讓它們發揮效用。

11.**去除體毛** 經證明，定期去角質有助於防止體毛的生長，因為皮膚表層的死皮被有效地去除，皮膚習慣了自我再生，所以會變得更光滑。

12.**不要混用臉部和身體的去角質膏** 不要用身體的去角質膏來去除臉部的死皮，因為身體的去角質膏對於臉部肌膚來說太粗糙了，可能會刺激傷害皮膚。

13. **不要忽略臀部肌膚** 也許人們不會注意你的臀部肌膚，但是不要忽略它們，因為如果不關心，很容易引起痤瘡和脂肪團。在盆浴或淋浴時，用沐浴手套或海綿球去除臀部的角質。

14. **經常滋潤肌膚** 如果你定期去角質，你應該經常在臉部使用潤膚霜，因為定期去角質會導致皮膚變薄，更容易造成乾燥。為了達到最佳效果，應該在不去角質的日子裡也擦上潤膚霜。

15. **溫和地去角質** 過度去除角質會損壞皮膚表層的微小血管，造成細脈清晰可見和皮膚泛紅，特別是兩頰周圍、眼部和頸部的細嫩皮膚。溫和地去除角質，避免使用天然的去角質顆粒，因為它們比合成的顆粒要粗糙得多。

16. **火山岩泥有益於油性皮膚** 一些去角質的洗面乳會含有高達25％的火山岩泥，這對油性皮膚很有益，因為它們能去除多餘油脂，不傷害皮膚，也不會引起反效果。

17. **去除小凸塊** 不僅你的臉部需要去除角質，由於內生毛髮的原因，腿部的肌膚會產生小凸塊。在洗澡時，定期用顆粒較粗的磨砂膏去除腿部肌膚的角質，再塗抹潤膚霜，可以防止小凸塊的產生。

18. **幫助新陳代謝** 我們皮膚表層每24小時都會有10億個細胞死去，這是很驚人的數字。雖然我們在生長，但是皮膚要經過更長的時間來更新細胞。每周一次以上的去角質能促進新陳代謝，防止由死皮堆積引起的斑點和肌膚晦暗，讓皮膚煥然一新。

✳ 皮膚問題 ✳

●針對污染的護膚 ●低溫有助於治療毛細血管 ●小心漂白造成白斑 ●小心過敏性皮膚 ●乾燥引起的皮膚問題 ●防止過早老化 ●紅斑痤瘡的問題 ●患濕疹時少用化妝品 ●遠離陽光防止毛孔粗大 ●保持清潔預防粉刺 ●辛辣食品的害處 ●刺激性產品的害處 ●玫瑰果油 ●治療粉刺 ●低溫減少濕疹 ●去死皮 ●做美容治療瑕疵 ●清洗毛孔 ●短期使用類固醇 ●防止感染 ●先加熱 ●塗上防曬霜 ●用陶泥清潔 ●遮蓋斑點 ●蒸掉黑頭粉刺 ●防止擴散 ●縮短清洗時間 ●簡單化 ●膚色不均勻要小心 ●小心去角質 ●不要擠粉刺 ●香料過敏

1. **針對污染的護膚** 針對毒素和環境中的化學物質而負荷累累的皮膚,使用有防曬指數的面霜或含有二氧化鈦的日霜來抵抗日光和城市的環境污染,這比使用含有化學物質的化妝品好。

2. **低溫有助於治療毛細血管** 要想打造光滑、沒有瑕疵的肌膚,盡量保持低溫。溫度過高會傷害兩頰和鼻部的肌膚,導致皮膚泛紅或形成斑點。

3. **小心漂白造成白斑** 改善色素沉澱問題皮膚,可使用包括類固醇面霜、紫外線和醫學美容,有助於解決白斑問題,但是必須由專業醫師操作。另外美白劑有副作用,不是深色皮膚的最佳選擇。

4. **小心過敏性皮膚** 如果你的皮膚容易過敏，試著找到過敏原，比如環境、營養或是使用某種護膚產品的原因。給敏感的肌膚塗上一層滋潤來抵抗嚴酷的天氣，缺水的皮膚較容易遭受感染、免疫系統紊亂和曬傷。

5. **乾燥引起的皮膚問題** 對於緊繃、龜裂或脫皮的皮膚，選擇一款滋潤性的洗面乳，而不要使用皂類和乾性的洗面乳。

6. **防止過早老化** 為了防止肌膚老化，應該每天使用防曬霜，抵擋夏日陽光。用精華液和美白果酸可以防止過早出現皺紋。你應該使用SPF15的果酸或水楊酸。

7. **紅斑痤瘡的問題** 如果你患有紅斑痤瘡（俗稱「酒糟鼻」），那就要避免使用酒精，因為它會促進血液流向面部，增加臉部發紅的狀況。它還會引起脫水，使皮膚變得較乾燥。

8. **患濕疹時少用化妝品** 如果患有諸如濕疹這樣的敏感性肌膚問題，少用化妝品是最好的選擇。過度使用蜜粉或粉底會使你面臨肌膚乾燥和粗糙等問題。

9. **遠離陽光防止毛孔粗大** 無論是長期還是短期的陽光損傷，都會使毛孔變得粗大，因為陽光中的紫外線會破壞膠原蛋白，使毛孔周圍的組織變弱，表皮變厚。其造成的後果是終生的。

10. **保持清潔預防粉刺** 一定要仔細地清洗碰過疤痕和斑點的刷子和遮瑕棒，以防止下次使用時的再感染，或者使用一次性的棉花棒。同時養成不要用手觸碰臉的習慣，尤其要注意的是，不要下意識地去揉太陽穴和嘴的周圍。

11. 辛辣食品的害處 含有辣椒和芥末的辛辣食品，以及造成循環加速和引起皮膚發紅發熱、感覺不適的熱飲，都會惡化紅斑痤瘡。

12. 刺激性產品的害處 如果你患有紅斑痤瘡，就應該在任何時候都避免使用緊膚水和刺激性的肥皂。因為它們不僅會惡化症狀，還會使皮膚乾燥，變得難以治療和康復。

13. 玫瑰果油 乾性膚質應該選擇含有玫瑰果油精華的產品，其成分富含深海魚油和月見草油，可以滋養肌膚。同時，它也沒有刺激性，可以舒緩問題區域的皮膚。

14. 治療粉刺 如果你一再遭受粉刺和疔瘡的循環發作所苦惱，趕快找皮膚科醫生，他們會給你制定一套有針對性的治療方法，這是你自己、藥劑師或者一般的家庭醫師沒有能力診斷的。請不要讓問題一直拖延下去。

15. 低溫減少濕疹 過高的溫度會使濕疹的症狀惡化，燙人的溫度更加糟糕。確保自己待在陰涼處保持涼爽，並選擇天然織物的衣服。更換洗衣精也會有幫助。

16. 去死皮 由於現代科技的發展，現在你在家裡就能達到和醫院裡用化學藥劑去死皮一樣的效果。市面上有售的去死皮的套裝含有諸如甘醇酸的化學藥劑，可以分解肌膚表層的細胞，去除死皮並提亮膚色。它們通常有兩到三個步驟：酸性物質用來鎮靜肌膚、防止過敏，然後滋潤皮膚。

17. 做美容治療瑕疵 定期做專業美容可以防止粉刺、痘痘等瑕疵，因為這樣比你自己在家裡清洗毛孔要乾淨。同時也能幫助放鬆臉部肌肉、保濕，並豐盈肌膚。

18. **清洗毛孔** 清洗是讓毛孔看起來小而緊致的最好辦法。每天早晚用溫和的洗面乳清洗兩次效果最佳。

19. **短期使用類固醇** 短期局部使用類固醇可以減緩紅斑痤瘡的症狀，但是長期使用反而容易惡化，因為它會使皮膚變薄，從而引發其他問題。

20. **防止感染** 胞囊性的粉刺有可能會留下明顯的疤痕，所以千萬不要擠壓它們。如果是能看得見的粉刺，就塗抹去粉刺的凝膠或乳液讓它自然消退。假如你經常反覆發作，就需要去看皮膚醫生了。

21. **先加熱** 萬一你不得不擠壓黑頭粉刺，就先用溫的或者熱毛巾捂一下，軟化皮膚，然後把紙巾繞在手指周圍溫和地擠壓。不要過分用力擠壓，以免留下印痕。

22. **塗上防曬霜** 一旦發現兩頰或額頭上開始有色斑，需要一直塗抹高效的防曬隔離霜，減少進一步的損害，保證膚色盡可能地均勻。

23. **用陶泥清潔** 如果肌膚發紅、發熱、有斑點，可以使用以陶泥為原料的面膜或者去油乳液來去除污垢，減少紅腫現象。如果你其他地方的膚質是乾性，只在問題區域塗抹即可。

24. **遮蓋斑點** 皮膚上有斑點或者膚色不均勻，可以試試用多量的滋潤霜在肌膚上塗抹，這樣有助於遮蓋色素沉澱和改善膚色不均，能讓肌膚看上去更光滑，膚色更均勻。最好選擇一款有防曬功能的滋潤霜來防止其他問題。

25. **蒸掉黑頭粉刺** 防止黑頭粉刺幾乎是做不到的，但是蒸汽可以幫助減少它們。要清潔皮膚，就每周一次用蒸汽來軟化堵塞毛孔的油脂，然後做一個深層清潔的陶泥面膜，再用溫水徹底洗淨。

26. **防止擴散** 如果你擔心一個區域的粉刺會擴散到臉上的另一個部位，局部使用抗生素，它能幫助控制感染。千萬不要擠壓，這會使毛孔發腫並且看上去更嚴重，避免使用金屬的去粉刺工具，它會損壞周圍的皮膚組織。

27. **縮短清洗時間** 乾性的膚質不要盆浴或淋浴時間太長，並且不要過分清洗臉部。快速地浸濕和擦乾可以使肌膚保持水分。

28. **簡單化** 假如你遭受無規則的膚色不均勻困擾，不要護膚過了頭。避免使用粗糙的海綿，不要摩擦去角質，也不要用爽膚水，它會惡化膚色不均勻問題。

29. **膚色不均勻要小心** 如果你膚色一直不均勻，要避免使用香檸檬油，因為它會讓膚色不均問題更加嚴重。一些精華液具有光毒性，造成皮膚對光線敏感，加速膚色不均勻。如果使用了檸檬油，就避免暴露在陽光、日光燈和人工日光機下。

30. **小心去角質** 小心過度去角質引起的斑點和油性膚質。去角質膏會形成問題皮膚分泌過多的油脂，惡化問題，同時它也會導致粉刺擴散到其他區域。相反地，可以只使用溫和的磨砂膏來針對油膩區域即可。

31. **不要擠粉刺** 盡量不要去擠粉刺或用手摸粉刺。手指上的油脂和污垢不僅會傳到皮膚上，同時擠粉刺也會造成疤痕和斑點，還容易增加感染的危險。

32. **香料過敏** 選擇一款無香料的防曬霜來減少香料對過敏性皮膚的傷害，無香料防曬霜內含有機物和植物成分，例如蘆薈、荷荷芭油、鱷梨和甘菊。

*爽膚水

●消除刺痛感 ●正確選擇潤膚霜 ●關心T字部位 ●冷水的好處 ●自己調配 ●勿用酒精 ●停用沐浴皂 ●不要清洗過度

1. 消除刺痛感
一般來說，給你帶來刺痛感的產品都過於刺激，使用爽膚水或洗面乳引起的刺痛都是皮膚在告訴你快點更換一個溫和些的產品。使用專門為敏感性肌膚設計的爽膚水，選用有玫瑰水成分的，而不要用含金縷梅和酒精成分的爽膚水。

2. 正確選擇潤膚霜
如果你的皮膚正常，就選一款薄的潤膚霜，特別是乳液或者凝膠狀的。滋潤霜太厚會引起毛孔堵塞而導致痘痘和粉刺。

3. 關心T字部位
若你是混合型肌膚，就要區別對待你臉部的不同區域，給T字部位去角質，但是要避免兩頰。注意臉頰和頸部的滋潤，T字部位塗上薄薄的一層即可。

4. 冷水的好處
把冷水撲在臉上可以產生緊膚作用，放鬆疲勞乾燥的肌膚，促進血液循環，讓你看起來煥發著健康的光彩。

5. 自己調配
萬一你的爽膚水用完了，金縷梅和一點水的混合物是一種天然的替代品。但是在年老的肌膚上要慎用，因為如果混合水太濃了，

會使皮膚過乾。

6.**勿用酒精** 含有酒精的爽膚水和洗面乳是乾燥皮膚的大敵，它會吸取皮膚中的水分，造成皮膚緊繃和斑點等問題。如果你的皮膚過於乾燥，避免使用含有酒精的產品，每天至少用兩次滋潤霜，讓皮膚豐盈、水嫩。

7.**停用沐浴皂** 無論你是什麼類型膚質，即使是溫和

的沐浴皂也要避免用在臉部、頸部和耳後敏感的皮膚上，這會讓你覺得皮膚非常緊繃和缺水，還會引起皮膚發紅和皮疹。請選擇一款適合你膚質的洗面乳。

8.**不要清洗過度** 若是油性皮膚的話，千萬不要清洗過度或者使用刺激性的洗面乳，因為這樣只會使肌膚產生更多的

*抗皺

● 真絲的魅力 ● 皺紋的類型 ● 行走有助於消除皺紋 ● 不要混淆皺紋和乾燥 ● 修復你的肌膚 ● 白茶和綠茶 ● 不要快速減肥 ● 不要皺眉 ● 金縷梅可以緊實皮膚 ● 維生素C抵抗損傷 ● 海洋蛋白質 ● 戴太陽眼鏡

1.**真絲的魅力** 想要擁有光滑的肌膚，要向埃及艷后學習，堅持使用絲質或者綢緞料

子的枕頭，它會在你睡覺時撫平皺紋，保證醒來後發現自己看上去很漂亮。

2.**皺紋的類型** 皺紋分四種類型：細微的、深的、靜止的和動態的。細紋在眼部周圍，通常因為缺少膠原蛋白和彈性而生成；像在額頭上這樣深的皺紋，從表層肌膚底下的肌肉就開始產生了；動態的皺紋是指那些在你動的時候才能看見的皺紋；靜止的皺紋是指一直都能看到的皺紋。

3.**行走有助於消除皺紋** 行走可以把氧氣輸送到臉部，促進血液流動，減少皺紋間的張力。因為步行能幫助釋放身體中的有益化學物質，減緩壓力，放鬆身心。

4.**不要混淆皺紋和乾燥** 乾燥的肌膚會看上去皺紋較多，但事實上皺紋並不是因為肌膚乾燥而引起的，它們是因為老化、日曬、吸菸和其他的污染物造成的肌膚深層的損壞。滋潤或者喝充足的水可以防止缺水。

5.**修復你的肌膚** 維生素A可以幫助減輕皺紋的深度，因為它輕微豐盈肌膚的作用可以使皺紋看起來變淺。你可以在抗皺霜中找到維生素A的成分，在飲食中也應該攝入更多的水果和蔬菜。

6.**白茶和綠茶** 白茶和綠茶可以幫助延緩膠原蛋白的老化和衰弱，這是產生皺紋的前兆。很多面霜使用綠茶和白茶的成分，不僅因為它們的抗氧化成分，還因為白茶可以減少日曬造成的DNA損傷。白茶可以促進新細胞的生長，緊致肌膚。

7.**不要快速減肥** 快速減肥易產生皺紋，因為臉部大量含有脂肪的細胞流失了。這不僅會使你看上去憔悴，而且還會造成肌膚鬆弛。

8. **不要皺眉** 由於肌肉會調整臉部的位置，瞇眼是造成皺紋的常見原因之一，為了防止瞇眼，戴上眼鏡或隱形眼鏡。在你煩惱和生氣時不要皺眉頭，這樣能使你額頭上的肌膚保持光滑。

9. **金縷梅可以緊實皮膚** 金縷梅可以暫時性地緊實肌膚和臉部組織，但是如果用純金縷梅會給皮膚造成壓力。用一茶匙金縷梅和100克潤膚霜混合後使用，兩周後就能見效。

10.維生素C抵抗損傷 在防曬霜、潤膚霜和膠囊中的抗氧化物質維生素C，能有助於肌膚抵抗來自日曬、污染和乾燥引起的損傷，從而減少皺紋的生成。

11.海洋蛋白質
海洋蛋白質，常常能在一些面霜和許多營養品裡找到，含有緊致和提升肌膚活力的物質，可以幫助減少細紋、皺紋和日曬引起的過早衰老。

12.戴太陽眼鏡 對於瞇眼抵抗陽光和刺眼的光線而造成的眼部細紋，戴太陽眼鏡可以有防止的作用。這種情況容易發生在車裡和室內與室外光線有差異時。在陽光比較弱的冬天，戴太陽眼鏡也很重要。

the face 臉部 ----

眉毛

使用妝底
的準則

使用妝底的準則

●輕拍面部 ●用礦物質的化妝品 ●眼霜除皺 ●雙下巴的問題 ●沾濕粉底液 ●調勻膚色 ●控油 ●去除過厚的粉底液 ●選擇一款多效的產品 ●買前試用 ●自製粉底液 ●適合晚上使用的粉底霜 ●無光的粉底液適合熟齡肌膚 ●柔光和感光粉底液 ●正視雀斑 ●修飾你的妝容 ●全天候的液體粉底 ●打造亮白肌膚 ●選擇擠壓式的瓶裝 ●長效持久 ●快速混合 ●解決臉部泛紅問題 ●平衡黃膚色 ●塗勻，塗勻，再塗勻 ●複合性粉底引發粉刺 ●海綿吸走多餘粉底液 ●上妝前先滋潤皮膚 ●遮住細紋 ●注意汗毛、鬚毛 ●滋潤的臉頰 ●別忘了濕潤肌膚 ●張著嘴塗粉底液 ●聰明穿衣 ●不要用過期的粉底液 ●像雛菊一樣清新 ●小心肌膚破裂部位 ●SPF必不可缺

1. **輕拍面部** 上完妝後，用一張柔軟的面紙輕拍臉部。這可以讓肌膚與化妝品結合，減少化妝痕跡，讓你看上去更自然。

2. **用礦物質的化妝品** 因為純淨的礦物質化妝品不含雜質，它可以提供長效的不透明遮蓋，而且感覺輕薄。這對於抵制紅斑痤瘡的人來說是很實惠的，特別是對那些在診療後處於恢復期的人。

3. **眼霜除皺** 在上粉前先用眼霜和滋潤霜可以減少皺紋產生的可能性，因為它可以使下眼瞼區域的細嫩皮膚變得光滑。

4. **雙下巴的問題** 用顏色稍微深一點的粉或者粉底液塗抹在下頜上，有消除雙下巴的視覺作用；或使用在下頜後部可以增加輪廓的清晰度。

5. **沾濕粉底液** 化妝前，用微濕的海綿把粉底液塗抹在臉上，或者用沾濕的粉底刷一刷臉部，可以讓效果更好。

6.**調勻膚色** 應該選用與你皮膚顏色相符的粉底液，不要使用和你肌膚顏色差別很大的化妝品。東方人的皮膚有著金黃色的基礎顏色，所以選用黃色基礎的粉底液。紅潤的膚色最好選用象牙色或者粉紅色的粉底液。為了尋找正確的粉底液，可以參照色表中的色彩選擇，讓你的肌膚看上去膚色勻稱、光彩動人。沒有光澤的配方是皮膚看上去暗沉的一大天敵。

7.**控油** 在溫暖、潮濕的季節，肌膚容易產生更多的油脂。所以在夏天來臨後第一樁要做的事，就是尋找一款控油的粉底液。控油的液體和配方是一個非常好的選擇，無油，輕薄，不會阻塞毛孔和泛油光。

8.**去除過厚的粉底液** 如果粉底液塗花了或者膚色還是太深，不要再塗上更多的粉底液，而是用面紙把它擦掉，從下頜到髮線輕掃過去就可以了。

9.**選擇一款多效的產品** 乾濕兩用粉餅適合於各類肌膚，特別是油性和混合性肌膚。它們有多種用途：乾粉可以讓你看上去很自然，濕粉可以遮瑕打底，也可以均勻膚色，或者乾粉也可以當做蜜粉來使用。

10.**買前試用** 在買新的粉底液前，試用不同的粉底和品牌是非常明智且重要的。

11.**自製粉底液** 如果到了夏天，你的皮膚有多處不同的膚色出現，可以自己調製新的粉底液來配合皮膚的顏色。把不同顏色的粉底液混合在一起，塗抹在皮膚顏色交替的地方，但是記住要用同一品牌的粉底液，這樣成分和配方才能保持一致。

12. **適合晚上使用的粉底霜** 晚上參加派對，為了達到最佳的遮瑕效果，不妨選用亮度較低的底粉，粉底霜是最好的選擇。

13. **無光的粉底液適合熟齡肌膚** 無光的粉底液適合熟齡肌膚，因為它能夠遮蓋瑕疵，控制肌膚不泛油光，還能讓你看起來不會化妝過濃。

14. **柔光和感光粉底液** 柔光或感光粉底液可以遮蓋細紋和皺紋，並且其含有的微粒色素可以使肌膚看上去平滑。它們有快速掩蓋衰老的作用，並且能為你增添光彩。

15. **正視雀斑** 乾粉底液對有雀斑的皮膚效果最好，如果所有的雀斑都被遮蓋掉反而顯得不自然。先用遮瑕膏，再上粉底液會看上去很自然，很多人覺得雀斑很有吸引力。

16. **修飾你的妝容** 在上粉底液前胡亂塗抹滋潤霜會讓你的妝容很難看。取適量輕薄的滋潤液，用海綿擦拭，然後等至少10分鐘，乾了以後，再上粉底液與彩妝。

17. **全天候的液體粉底** 想讓白天的妝容保持完美，就試試液體粉底。它們容易推散塗勻，而且能保持一整天，沒有厚重感，也不會造成細紋。在使用前先輕搖瓶身讓粉質均勻，把它抹在臉部中央，用手指塗開，然後輕輕向四周抹開推勻。

18. **打造亮白肌膚** 如果你喜歡亮白沒有瑕疵的皮膚，在上粉底液前塗上隔離霜，可以讓膚色更均勻光滑。用了隔離霜，就無需其他潤色了。

19. **選擇擠壓式的瓶裝** 可以的話，盡量選擇管狀或者擠壓式瓶裝的粉底液。這樣可以減少污染，比較安全，因為一旦乳液暴露在空氣中或者被碰觸過，就不能再裝回到瓶子裡去了。

20. **長效持久** 粉餅與粉底二合一的粉底液配方，是乾燥和成熟肌膚的最好選擇。它產生非常有營養、潤滑的滋潤作用，無油而且如絲般光滑，讓你看起來完美無瑕，提供長久持效的妝容，不會像其他粉底液，在白天容易脫妝。

21. **快速混合** 想要立刻看上去光彩可人，在上粉底液前，把它和滋潤液混合在手掌心裡。這種自製的有光澤的滋潤液會讓你看上去亮麗動人，妝容平滑。在夏季，這款輕薄配方的粉底液是你的最佳選擇。

22. **解決臉部泛紅問題** 如果你臉色泛紅，或者是紅褐色的肌膚、膚色不均，試用一款淺褐色或者古銅色的粉底液，可以讓你的皮膚保持自然的柔和膚色。許多偏白的粉底液都有粉紅色的基本配方，這會讓你的紅皮膚看上去更紅。

23. **平衡黃膚色** 要擺脫黃色肌膚的困擾，特別是眼部周圍的灰黃膚色，可以用紫色的修護粉遮蓋。

24. **塗勻，塗勻，再塗勻** 在上完粉底液後，要花幾分鐘檢查粉底液是否均勻地塗至下頜線、髮際線和薄薄地敷在頸部。一般塗粉底液的時間應該是你使用其他化妝品時間的兩倍。

25. **複合性粉底引發粉刺** 容易生粉刺的皮膚要避免使用複合性的粉底液，因為海綿會提供細菌滋生的溫床，而且多種成分更易引起粉刺和皺紋。用未混合的粉底液比較安全。

26. **海綿吸走多餘粉底液**

用一塊微濕的乾淨海綿吸去多餘的粉底液。輕按臉部，特別是唇部、鼻部和髮際線周圍，這些部位容易堆積粉底液。

27. **上妝前先滋潤皮膚** 一層滋潤液可以給上妝提供良好的基礎保護，並且防止由於化妝品滲入而引起的肌膚毛孔堵塞和乾燥。滋潤液不僅讓你妝容更加持久，還能讓你的肌膚感到更加清爽。

28. **遮住細紋** 如果前額上有細紋，不妨塗上一層輕薄的油狀粉底液，再撲上少量透明的折光蜜粉，可以遮蓋住細紋。

29. **注意汗毛、鬚毛** 有汗毛的部位要盡量防止使用厚的粉底液或者蜜粉。因為這些產品會在細毛表面形成一層膜，讓它們看上去更加明顯。如果一定要遮蓋，上妝最後一定要用面紙擦去多餘的粉底液。

30. **滋潤的臉頰** 如果你兩頰的皮膚比較乾燥，可以選擇一款滋潤的或者含油的粉底液，能幫助乾燥的皮膚變得光滑，防止皮層剝落。事先塗上滋潤液效果更佳。

31. **別忘了濕潤肌膚** 塗完粉底液後，用蘸有含金縷梅之類爽膚水的化妝棉，溫和地拍打臉部，可以讓肌膚看上去水漾飽滿。金縷梅能夠去除多餘的化妝成分，遮蓋瑕疵的同時光彩照人。

32. **張著嘴塗粉底液** 塗粉底液時張開嘴能夠方便看到頸部肌膚，讓你可以把

粉底液塗到下巴下面，防止出現明顯的色差。也可以塗完後檢查下巴處是否塗得均勻。

33.聰明穿衣 穿淺色的衣服可以把光線反照到臉上，提亮無光的膚色，襯托出你的妝容。

34.不要用過期的粉底液 如果粉底液看上去或聞上去感覺不對，或者裡面的成分開始分層了，就應該扔掉這瓶粉底液。它可能已經過期，也就是說一些成分變質，失去效用，或者不能順利地塗開。

35.像雛菊一樣清新 一天結束之後，可以在眼部底下點少許滋潤液來去除粉底液，沿著顴骨塗開可以有光滑作用，讓肌膚神采煥發。

36.小心肌膚破裂部位 在塗粉底液時要小心肌膚破裂或感染的部位，因為細菌會傳染到粉底液瓶裡。挖少量粉底液在塑膠盤裡，然後把粉底液瓶放到別處，防止無意間的污染。

37.SPF必不可缺 如果你用的滋潤液裡不帶有SPF值，請確保你的粉底液裡有。沒有必要兩者都含有SPF值，因為即使都有，肌膚也不會得到更多的保護。

眉毛

●怎樣畫眉毛 ●細線修眉毛 ●用眉筆來勾輪廓
●去找專業美容師 ●把眉毛分成四部分 ●刷眉毛
●替眉毛定型 ●梳理眉毛 ●選擇正確的眉粉顏色 ●
勤削眉筆 ●提亮作用 ●灰色眉毛的適用者 ●把鑷子
放在手邊 ●棕色代替黑色 ●凡士林讓你煥發光彩 ●蜜粉對於眉峰
的作用 ●在睡前拔眉毛 ●不要把眉尾畫得過低 ●不要刮眉毛 ●用放大鏡
美容 ●從下往上拔 ●畫弧線 ●用眉筆先勾好眉型 ●保持自然 ●從鼻子方向
開始畫起 ●盡量減少刺痛 ●避開月經期間

1. **怎樣畫眉毛** 想知道應該
從哪裡開始畫眉毛，想像一根
垂直的豎線，或者用眉筆緊貼
鼻孔的外側，眉筆和眉毛接觸
到的地方就是應該開始畫眉毛
的地方。至於應該畫到哪裡
停，想像一根從鼻孔外側到外
眼角的線，延長到眉毛處就是
應該停的地方。

2. **細線修眉毛** 用細線絞是
去毛的一種方法。用細線把眉
毛上多餘的部分連根絞去，推
荐用這種修眉方法，因為這樣
疼痛較少，不像熱蠟對細嫩皮
膚的刺激那樣大。

3. **用眉筆來勾輪廓** 眉筆可
以勾勒出清晰、精美的輪廓，
但要小心不要把線畫得過長。
輕輕地、溫柔地沿著毛髮生長
的方向畫眉毛即可。

4. **去找專業美容師** 第一次
嘗試修眉毛，最簡單的方法是
到美容師那裡讓她幫你修。你
要做的就是以後跟著她修出來
的眉型修眉或畫眉即可，這樣
不僅省時、風險也小。

5. **把眉毛分成四部分** 為
了畫出漂亮的眉毛，可以用幾
何的方法，把眉毛根據長度平
均分成四部分。前三部分應該

朝上畫，最後一部分應該斜向下。

6. **刷眉毛** 畫完眉毛之後，用一把舊牙刷或眉刷來刷一下眉毛是一個極好的辦法。它不僅能梳齊眉毛，還能柔化眉線，使它們看上去更加自然。

7. **替眉毛定型** 如果想要眉毛定型，可以先塗染眉毛膏或者塗一點定型水在眉梳上，然後用眉梳把眉毛梳成想要的樣子。

8. **梳理眉毛** 在拔眉毛或畫眉毛前，先把眉毛往上梳，可以保持眉線的自然效果。如果你的眉毛非常多而且長，須修剪眉峰上多餘的眉毛。

9. **選擇正確的眉粉顏色** 眉粉的顏色應該比你頭髮的顏色要淡一些。和頭髮相近的顏色會使眉毛喧賓奪主，更深的顏色會使你看上去太嚴肅。

10. **勤削眉筆** 每次用眉筆前，都要削一下，保證它們能勾勒出清晰的輪廓。如果覺得眉線過細可以多畫幾筆。

11. **提亮作用** 想讓眉毛顯得更高、更輪廓分明，可以在眉毛中央的下面到外側塗些閃粉或者高亮度霜，使眼睛區域看上去更完美。

12. **灰色眉毛的適用者** 如果你的頭髮是灰色、銀白色，或是黑白相間的顏色，木炭色和青灰色最適合你的眉毛，因為它們會讓你看上去很自然，而且輪廓清晰。

13. **把鑷子放在手邊** 把鑷子放在鏡子旁邊，方便日常的清潔。當有新的眉毛長出來時，就用它拔掉。這不僅使你一直看上去乾淨，也能保證不會拔得過多，有助於保持良好的眉型。

14. 棕色代替黑色 對於頭髮和肌膚顏色深的人來說，除非頭髮為純黑色，否則黑色眉線不太合適。應該選用棕黑色的眉筆，這樣可以讓你看上去更自然。如果你的皮膚和頭髮顏色都很淺，選擇淺棕色或褐色的眉筆。它們能夠反襯出你的膚色，又不會很突兀。

15. 凡士林讓你煥發光彩 在替眉毛上色後，用少量的眉毛定型水或者凡士林來梳理不整齊的眉毛。這樣能讓眉毛看起來充滿光澤，同時也可以產生很好的定型作用。

16. 蜜粉對於眉峰的作用 蜜粉具有柔和的作用，而且使用起來很簡單。想要突出眉毛的弧線，可以在眉峰上塗上一點其他的顏色，自然有強化視覺效果的作用。

17. 在睡前拔眉毛 為了防止全世界都知道你拔了眉毛，應該在睡前做這項工作，這樣引起的紅腫在早晨都會褪去。在盆浴或者淋浴後，皮膚濕潤，毛孔都打開著，這是最好的拔眉毛時段。

18. 不要把眉尾畫得過低 不要把眉尾畫得過低，否則會讓你的眼睛有向下的視覺效果，看起來無精打采。自然流暢的眉尾可以使臉部看起來更有精神。

19. 不要刮眉毛 千萬不要刮眉毛，因為刮眉毛的動作比較難控制，而且容易拖拉皮膚，引起皺紋。刮眉毛也會使眉毛根部變硬，使剛長出來的眉毛非常醒目。

20. 用放大鏡美容 為了讓你的眉毛看上去更漂亮，最好在拔眉毛時使用放大鏡。確保光線均勻地照在整個臉部，防止陰影造成的不對稱。

21. **從下往上拔** 拔眉毛時記住要從下往上拔。盡量從根部往太陽穴方向拔起，要乾脆迅速。

22. **畫弧線** 要是你有自然的弧線，就順著它畫而不要自己新創一個。如果你需要自創一個，就得以你的眼睛為參照。弧線應該在你眼睛虹膜的正上方，這樣才能讓你的眼睛顯得更大。

23. **用眉筆先勾好眉型** 如果想要重新塑造一個眉型，但又擔心會出錯，不妨用眉筆把想要留下的部分畫出來，然後把外圍的眉毛拔掉。這樣就不會錯拔需要的眉毛，而且能達到最理想的效果。

24. **保持自然** 千萬不要把眉線畫出真的眉毛以外，這樣看上去會很假，讓你一臉顯得極其不自然。相反地，應該順著你自然的眉型去畫。如果需要的話，可以在下面塗些亮粉，讓眉毛看上去更有精神的樣子。

25. **從鼻子方向開始畫起** 在拔眉毛或者畫眉毛時，從靠近鼻梁的眉毛內端開始。畫一個柔和的、有弧度的眉尾，而不要畫成平直的形狀。

26. **盡量減少刺痛** 用鑷子拔眉毛會引起刺痛。為了防止刺痛和發紅，把肌膚輕輕地往上提，或者用手指定位，然後迅速地拔除眉毛，防止擦傷。最好在晚上沐浴後用鑷子來拔，這樣可以讓肌膚有足夠時間消除紅腫。

27. **避開月經期間** 在月經來臨的前幾天和開始幾天，最容易感染疼痛，所以，如果要修整眉毛最好避開這些日子。排卵期是拔除眉毛時疼痛感最少的時期。

臉頰

●給自己一個微笑 ●根據臉部曲線來上腮紅 ●
吹去多餘的腮紅 ●刷子使用兩年 ●深色會提
高清晰度 ●神奇的打圈 ●修飾圓臉 ●臉頰和
唇部的色彩相符 ●先吸油再上妝 ●選擇性
使用膏狀腮紅 ●不要隨便處理斑紋 ●凝膠
會看上去更自然 ●使膚色有溫暖感 ●做個
桃色美人 ●最後打腮紅 ●突出顴骨 ●在手腕上試用
●避免橙色 ●兩種顏色足夠了 ●簡單的妝底 ●怎樣讓到濕潤的效
果 ●紅潤的自然妝 ●用手指塗腮紅 ●快速上妝

1. **給自己一個微笑** 為了讓
   你的刷子刷對地方，對著鏡子
   做一個微笑，找到你臉頰上似
   蘋果狀的部位。用刷子把腮紅
   大幅度地掃刷上去，兩頰會顯
   得自然、紅潤和動人。

2. **根據臉部曲線來上腮
   紅** 千萬不要把腮紅刷到你的
   髮線下面，這樣會讓你臉上的
   妝看上去極不自然。也不要在
   顴骨上刷腮紅。

3. **吹去多餘的腮紅** 把適量
   的腮紅或者古銅色蜜粉打在兩
   頰，放下刷子，然後拍去或吹

走多餘的粉。這會保證顏色均
匀地散開，而不會讓你看上去
像是個被畫出來的洋娃娃。

4. **刷子使用兩年** 使用兩年
   後，腮紅會變乾，腮紅刷可能
   會變得油滑。這是由於和你皮
   膚上的油脂接觸頻繁所造成
   的。如果這樣，你就該換新刷
   子了。

5. **深色會提高清晰度** 為
   了突出你自然的顴骨，將中度
   的淺褐紅色腮紅在顴骨下方刷
   兩下會立刻見效。但是避免使
   用深色腮紅，它會讓你的臉看
   上去有斑紋。

6.**神奇的打圈** 用腮紅在你臉部似蘋果部位打圈，會柔化你顴骨過高的感覺，把注意力從你的顴骨部位移開。

7.**修飾圓臉** 用稍微比粉底液顏色深一點的粉打在顴骨下方，然後朝著耳朵方向塗開，會使得圓形臉顯得有輪廓感。

8.**臉頰和唇部的色彩相符** 選擇一款符合你唇彩顏色或自然唇色的腮紅，以防止引起視覺上的衝擊，給人看來不協調的感覺。如果想看起來亮麗，不妨使用更接近你膚色的顏色。

9.**先吸油再上妝** 在上古銅色蜜粉之前，用吸油面紙或者紙巾吸去臉上的油脂。這會使皮膚表面變得光滑，保證腮紅不會黏在一起塗抹不開。

10.**選擇性使用膏狀腮紅** 如果你是油性肌膚，那就要避免使用膏狀腮紅，不然會使兩頰看上去泛著油光，臉上的其他部位也顯得油膩膩的。

11.**不要隨便處理斑紋** 萬一發現腮紅沒有塗勻或有斑紋，或者是塗得太紅了，不要嘗試塗上更多的腮紅來掩蓋斑紋。只要用面紙擦去一些顏色再塗些透明的粉在臉頰上就行了。

12.**凝膠會看上去更自然** 想要自然的腮紅，特別是那種透明的紅潤，可以用腮紅凝膠來替代腮粉。凝膠會給肌膚帶來健康透明的紅潤感。

13.**使膚色有溫暖感** 若你想給肌膚顏色增加溫暖感，特別是在白天，用淺淺的中古銅色蜜粉撲在臉頰上，替代你常用的腮紅。

14.**做個桃色美人** 在白天選用柔和自然的粉紅色、淺褐色或者深桃紅色腮紅。它們在日光下會顯得非常自然，不會讓你的妝看起來畫得過濃。晚上為了突顯輪廓，可以用鮮亮和冷色調的腮紅。

15. **最後打腮紅** 為了達到光滑沒有斑紋的效果，特別在晚上，應該先撲粉再上腮紅。這樣會使得上了妝的臉龐平滑自然，腮紅容易配合打上去。

16. **突出顴骨** 用閃粉突出顴骨要比用腮紅好，因為腮紅會顯得顏色過濃。在顴骨上打上閃粉，然後在下方撲上腮紅，會有突出顴骨的作用。

17. **在手腕上試用** 盡量找一款最自然的腮紅。挑選時在你手腕的內側試用，如果看起來自然，那麼在你臉頰上也會同樣自然。

18. **避免橙色** 選擇古銅色蜜粉時，千萬不要選用偏橙色或者無光澤的。太亮不妥，太暗會使得肌膚看上去不自然而且粗糙，特別是成熟皮膚更是如此。

19. **兩種顏色足夠了** 千萬不要使用兩種以上比你肌膚顏色深的腮紅。古銅色有助於讓你的膚色看上去更溫暖，自然發光。

20. **簡單的妝底** 太厚重的妝底會讓臉上古銅色的蜜粉看上去很髒而且不自然，破壞了你想要的自然妝的效果。如果你覺得你確實需要妝底，選擇有色彩的滋潤霜或者未混合的粉底液。

21. **怎樣達到濕潤的效果** 古銅色的蜜粉最適合油性膚質。如果你是乾性皮膚，想讓皮膚有濕潤感，選用滋潤霜、遮瑕筆或者凝膠來上色。

22. **紅潤的自然妝** 膚色較淺的話，可以在臉頰和額頭撲上少量的古銅色蜜粉，然後用粉紅色或者玫瑰紅色的腮紅撲打在臉頰似蘋果處，看上去會自然紅暈。

23.**用手指塗腮紅**　應該用手指把面霜、遮瑕膏或者液狀古銅色蜜粉塗抹在臉上。把它們點在兩頰似蘋果處，然後用畫圈的方式朝著髮線方向塗開。可以把多餘的顏色塗在鼻梁兩側、太陽穴上，甚至鎖骨上。

24.**快速上妝**　如果你時間緊急，需要立即化妝，就在彩妝盒裡準備一種可以同樣當做唇彩、眼影和腮紅用的色彩，隨時隨地都可以快速化妝。

遮蓋瑕疵

●不要選用過淡的顏色 ●用遮瑕膏遮蓋黑眼圈 ●用遮瑕膏修正鼻梁 ●遮瑕筆的使用期限最長 ●金色的遮蓋作用 ●遮蓋眼部區域 ●遮蓋鼻子的缺陷 ●全天候的遮瑕作用 ●遮瑕方法 ●遮住粉刺 ●用了粉底液後再遮瑕 ●用粉底液遮瑕的方法

1.**不要選用過淡的顏色**　女士們在選擇遮瑕膏時通常會犯的一個錯誤就是選用太淺的顏色。這樣突出了問題肌膚，適得其反，特別是你想用它來遮蓋眼袋的時候。

2.**用遮瑕膏遮蓋黑眼圈**　遮瑕膏是消除黑眼圈中最重要的一個環節，同時還可為肌膚打造一個平滑的妝底。輕輕把輕薄感光、有滋潤作用的遮瑕膏拍在眼部的周圍區域來遮蓋瑕疵。避免使用粉狀的遮瑕筆，它會牽拉皮膚。

昨晚沒睡好，有黑眼圈，得用遮瑕膏來掩蓋了，唉

3. **用遮瑕膏修正鼻梁** 如果你不喜歡自己凹陷的下巴或者覺得鼻梁太高了，將少許遮瑕膏塗在這些地方，最後上些透明的蜜粉就可以了。

4. **遮瑕筆的使用期限最長** 遮瑕筆的作用持續時間最長，它不會因為時間長而乾燥或脫色。如果是遮瑕液的話，一旦過了使用期限，就會開始脫落或結塊。

5. **金色的遮蓋作用** 下眼瞼的黑眼圈區域通常會微微發青，用遮瑕膏遮蓋時，不妨選擇有金色底色的暖色調遮瑕膏，可以抵消青色的視覺效果，通常有很好的遮蓋作用。

6. **遮蓋眼部區域** 如果你想遮蓋下眼瞼的黑眼圈，不要只在下眼瞼上塗遮瑕膏，這樣會有斑駁的感覺。應該在整個眼睛周圍區域都塗上遮瑕膏，然後再撲上一層薄薄的蜜粉。

7. **遮蓋鼻子的缺陷** 想要讓寬鼻子變得窄一些，用閃粉在鼻子中央由上至下輕輕地塗一下，然後再在鼻子的外側加上輪廓的陰影（深色的粉或者是無光的古銅色粉），把它們塗勻即可。

8. **全天候的遮瑕作用** 在用遮瑕膏遮蔽問題區域前先用粉底液，最後再打上透明的蜜粉，來讓遮瑕膏全天不脫落。

9. **遮瑕方法** 用棉球或者尖頭的小刷子，蘸取一點厚厚的遮瑕液塗在瑕疵的中央，然後輕輕地塗開，最後再刷一層透明的蜜粉即可。

10. **遮住粉刺** 只要不對特別的品牌有過敏現象，長粉刺期間也是可以化妝的。最重要的是，記住每天晚上要做好清潔工作。

11.**用了粉底液後再遮瑕** 先用粉底液，然後再遮瑕。粉底液能遮住臉部3/4的膚色不均現象。最後再用遮瑕膏塗在瑕疵最明顯的地方。

12.**用粉底液遮瑕的方法** 把粉底液塗在粉刺、膚色不均勻的地方和斑點處，等它們乾了後，接著在整個臉部塗上粉底液。也可以用凝結在瓶身或者瓶蓋上厚厚的粉底液，它的作用和遮瑕膏相似。

眼部護理

●輕柔地使用晚霜 ●只塗下眼瞼 ●用黃瓜舒緩眼部疲勞 ●用兩個枕頭

1.**輕柔地使用晚霜** 當你在眼部下方塗抹晚霜時，手要輕柔些。用你的無名指（力氣最小的手指）把晚霜由外向裡拍打在眼部下方。

2.**只塗下眼瞼** 睡前不要在上眼瞼上塗眼霜，否則醒來後你會發現眼瞼是腫的，因為這樣會阻止細嫩的眼部肌膚晚上進行呼吸。

3.**用黃瓜舒緩眼部疲勞** 在兩個眼瞼上各放一片黃瓜10～15分鐘，可以讓黃瓜中的水分和礦物成分滲透進嬌嫩的眼部肌膚。

4.**用兩個枕頭** 用兩個枕頭睡覺可以讓血液和水分不往臉部流，避免早上起來眼睛浮腫的現象。如果你覺得這樣頸部會痠疼的話，可以把一個枕頭墊在胸下或者肩下。

眼線

●若隱若現的光亮 ●讓眼睛顯得更大 ●勤削眼線筆 ●迷離的晚妝 ●製造朦朧感 ●性感小貓 ●時髦的眼部 ●低溫對眼線筆的好處 ●畫高你的眼線 ●遮蓋黑眼圈的眼線畫法 ●畫眼線時稍稍抬頭 ●酷酷的碳黑色眼線筆 ●白色的神奇效果 ●動作輕巧 ●眼線液要描得細些 ●用中性色

1. **若隱若現的光亮** 如果想要隱約的光亮效果，可以用閃亮眼線筆，這樣會讓你的眼睛格外有神。但是注意，不要同時再使用其他閃亮產品。

2. **讓眼睛顯得更大** 這個動作像小貓揉眼睛一樣，只要在上眼瞼的睫毛根部從內向外畫上眼線就行了，這樣有拉長眼睛的視覺效果。

3. **勤削眼線筆** 每次使用眼線筆時都要削一下，這樣可以防止眼部的細菌在筆尖又圓又粗的部位滋生，並傳染到眼睛的其他部位。此外，削尖後的眼線筆也可以幫助你準確勾勒出你想要的輪廓，因為粗的筆頭比較難以控制。

4. **迷離的晚妝** 想要營造夜晚眼睛迷離的效果，在畫眼線前，可以把眼線筆放在熱水裡，這樣畫出來的效果可以讓你的眼睛看上去深邃、朦朧。

5. **製造朦朧感** 為了製造朦朧的效果，不管用什麼顏色的眼線筆，你都可以小幅度地來回畫，這樣可以讓你的眼線看上去既夢幻又自然。

6. **性感小貓** 想成為典型的性感小貓嗎？不妨用一款純正的碳黑眼線筆，塗在上下睫毛根部。再加上突出線條的睫毛膏就可以更好地襯托出這種效果。

7.**時髦的眼部** 用細刷子蘸眼影粉塗在眼瞼上，可以代替眼線筆的作用，讓你的眼睛看上去嫵媚和時髦。如果有必要畫得更深的話，用稍粗一點的刷子。或者，你也可以用濕粉打造出顏色更明亮的眼線。

8.**低溫對眼線筆的好處** 把眼線筆放入冰箱幾個小時，可以讓它變得更堅硬。低溫可以硬化筆尖，不讓它黏著皮膚。讓它恢復到室內溫度後再用，不然會太硬。

9.**畫高你的眼線** 除非你很幸運有著一雙杏眼，否則千萬不要把你的眼線畫在睫毛根部以下，應該畫在上面。如果畫在下面，會使你的眼睛看上去顯得更小，而且也不明亮。

10.**遮蓋黑眼圈的眼線畫法** 為了減少人們注意你的眼袋或者黑眼圈，千萬避免在你的下眼瞼上畫眼線或者塗睫毛膏，否則會吸引人們的注意力。

11.**畫眼線時稍稍抬頭** 在畫上眼線時稍稍抬起頭，用目光俯視鏡子。用一支稍微鈍一點的眼線筆輕輕在睫毛根部由裡向外慢慢推去。

12.**酷酷的碳黑色眼線筆** 碳黑色的眼線筆是夏天的最佳選擇，因為它能營造出光滑柔軟、簡單自然的妝容。為了讓人感覺清爽，用細的碳黑色眼線筆，而不要用棒狀，它會使你看上去髒髒的。

13.**白色的神奇效果** 白色的眼線是讓你眼睛顯得更大、看上去更年輕的美麗秘方。沿著眼睛內緣畫上白色眼線可以讓你的眼睛更富明亮感，減少紅皮膚的視覺效果。選擇一款帶有金色或玫瑰紅色基調的白色眼線筆。

14. **動作輕巧** 要避免生硬明顯的眼線，它們已經過時了，而且看上去很假。輕輕地塗上眼線，再打上一點粉，看起來會更加朦朧動人。

15. **眼線液要描得細些** 用眼線液化晚妝效果最佳，但是不要把眼線畫到自然的範圍之外，畫得細些會讓你看上去棒極了。如果你不能很穩當地使用眼線液，試著在眼瞼內側的內部、中部和外部打上點，然後連起來就可以了。

16. **用中性色** 為了在白天保持持久的效果，一定要用討人喜歡的中性色來勾畫和突出眼睛部位。最好用標準的黑色、深藍色或者棕色來畫眼線。

眼影

●強化效果，而不是上色 ●日光已經夠亮了 ●使用同一品牌的好處 ●突出一個部位 ●讓眼睛炯炯有神 ●乾性肌膚不要用眼影粉 ● 用手塗眼影 ●金色的閃亮效果 ●眼影亮會增加 皺紋 ●柔化凸出的眼睛 ●蜜粉的襯托作用 ●不要過 於耀眼 ●淡色可以突出眼睛 ●打上古銅色眼影 ●使眼睛內側明亮 ●金色 的提亮作用 ●保持效果持久

1. **強化效果，而不是上色** 眼影的作用是改善和突出你的眼睛，而不是給它上色而已。即使你想達到光彩照人的效果，也要選擇能突顯你自然膚色的眼影。

2. **日光已經夠亮了** 白天避免使用亮眼影或者彩色的睫毛膏，因為強烈的日光會讓顏色變得更亮，蓋過了臉部和眼睛的風頭。把亮麗的色彩留在晚上用，可以讓你閃耀絢麗的光芒。

3. **使用同一品牌的好處** 如果你用兩種顏色的眼影，記住要選同一個牌子，因為它們一般都含有相同的配方，比較容易混合在一起。

4. **突出一個部位** 讓眼睛或者嘴唇成為吸引人注意的一個焦點，不要兩者同時引人注目，這是一條金科玉律。這不是意味著要去忽視其中一個部位，只是讓其中一個部位看上去更自然，強調另一個部位上的彩妝。一般來說，要吸引人把注意力集中在你最佳的部位上。

5. **讓眼睛炯炯有神** 在眼角用冷色調的眼影可以讓眼睛看上去很有神，因為這種顏色和眼球的顏色相接近。要避免在眼角使用黃色和紅色，這會讓眼睛看上去無精打采。

6. **乾性肌膚不要用眼影粉** 如果你是乾性膚質、上了一定年齡或者是有皺紋的皮膚，盡量避免使用眼影粉和基礎化妝品，它們只會加深你的皺紋。用輕薄的面霜替代，可以讓皮膚看上去光滑、勻稱。

7. **用手塗眼影** 萬一你趕時間，在中指尖上蘸一點膏狀或者凝膠狀的眼影，輕輕地塗在眼瞼上，效果會很好。

8. **金色的閃亮效果** 夏天的時候，在眼瞼和臉頰上塗上些金棕色或者金色，可以讓眼部呈現光彩。若想要更強的效果，就將深銅色或者褐色的眼影塗在眼角上。

9. **眼影膏會增加皺紋** 在塗眼影前撲一層薄粉可以保持長時間不出現皺紋現象。如果你的皮膚容易產生褶皺，就避免使用眼影膏，用柔滑的粉狀眼影比較好。

10. **柔化凸出的眼睛** 如果你的眼睛過大而且凸出，不要用奪目閃亮的眼影，它們會突顯眼睛的缺點。要選用柔和而且中性的眼影。

11. **蜜粉的襯托作用** 在塗眼影前，直接在下眼瞼區域上一層蜜粉。塗完眼影後，用刷子把下眼瞼的粉刷去，可以去除不必要的多餘眼影。

12.**不要過於耀眼** 小心使用有閃亮作用的產品，特別是一些用在眼瞼上的彩妝品，因為它們容易使你的肌膚看上去有皺紋。最好留到晚上再用，夜晚時間要比白天短，所以不用考慮持久效果。

13.**淡色可以突出眼睛** 對於凹陷較深的眼睛來說，眼影要選用在色譜上相對淡一些的顏色，特別是用在眼睛正上方的眼瞼部位，這會讓雙眼看上去更醒目。

14.**打上古銅色眼影** 在塗完粉底液後，從眉毛的上端到髮際部位撲上深古銅色的眼影或者蜜粉，這樣有加寬加高你眼睛的視覺作用。

15.**使眼睛內側明亮** 通常眼睛的內側，靠近鼻梁的部位，是臉部最暗的地方，而且會使整個臉部有下降的感覺。如果在這個區域用稍微淡一點的眼影或者眼線筆，會消除暗的光線，同時也會讓眼睛看上去更大些。

16.**金色的提亮作用** 晚上在眉骨上抹上銀色或金色的眼影，有神奇的提亮作用。緊貼著眉毛的下面打上閃粉，但不要離太陽穴太遠，那樣會太明顯。

17.**保持效果持久** 如果想讓眼影保持長久效果，在塗眼影前先在眼瞼上抹上一層薄薄的粉底液。要是想讓眼部和其餘皮膚的顏色協調，看上去更自然，而決定不打眼影，可以選用睫毛膏讓你的眼睛輪廓更明顯。

面膜

●雞蛋的神奇作用 ●面膜有抗衰老的作用 ●針對敏感肌膚的面膜 ●蜂蜜有助於光滑皮膚 ●敷過面膜後立即滋潤 ●敷面膜前先清潔皮膚 ●敷完面膜後的工作 ●去黑頭的自製面膜 ●西瓜面膜 ●泥面膜 ●啤酒酵母面膜 ●香蕉可以光滑肌膚 ●黃瓜面膜 ●用胡蘿蔔去面疱 ●維生素的混合物 ●用面紙或化妝棉擦拭 ●做一個局部肌膚測試 ●厚厚地塗上面膜 ●花瓣面膜 ●葡萄精華

1. **雞蛋的神奇作用** 雞蛋製成的面膜適合所有類型的皮膚。把打勻的蛋清塗在臉上具有緊致及柔和肌膚的作用，整個被打勻的雞蛋也有嫩膚的作用。把雞蛋加入任何一款面膜都可以自製「雞蛋精華」面膜。

2. **面膜有抗衰老的作用** 對於成熟肌膚而言，面膜可以暫時提供抗衰老成分，瞬間柔化和撫平細紋。通常緊致的作用可以持續幾天。

3. **針對敏感肌膚的面膜** 如果發現自己的肌膚對面膜非常敏感，但你還是想用面膜，不妨使用作用更加溫和的成分，如甘菊和黃瓜，避免容易引起過敏的綿羊油。

4. **蜂蜜有助於光滑皮膚** 把蜂蜜和杏仁粉混合在一起調成糊狀，非常適用於油性肌膚，因為蜂蜜具有殺菌成分，它和杏仁都含有豐富的維生素。它們所製成的含顆粒的面膜，能夠溫和去除角質。

5.敷過面膜後立即滋潤

除非你用的面膜是一款免洗產品，而你必須用手按摩幫助吸收剩餘物，通常在敷過面膜後要在臉上直接擦滋潤霜。因為這時剛剛去角質，毛孔都打開著，滋潤霜能夠深深地滲透進肌膚。

6.敷面膜前先清潔皮膚

你不能在沒清洗乾淨的臉上敷面膜，就好比你不會在髒地板上打蠟一樣。只有在清洗過的皮膚上敷面膜才能達到最佳效果。

7.敷完面膜後的工作 如果你在敷面膜前沒有去角質，做完後，用溫的濕毛巾，以柔和的打圈手勢卸掉面膜。這樣的方法就相當於溫和地去角質，可以讓皮膚瞬間白嫩乾淨。但不要在這時用去角質膏或磨砂膏，這樣會傷害皮膚。

8.去黑頭粉刺的面膜 在手掌裡把等量的水和發酵粉調成糊狀，輕輕地塗在黑頭粉刺部位，兩三分鐘後洗去即可。

9.西瓜面膜 用西瓜替自己做一張具有去除污垢、提亮膚色作用的面膜，它可以有效去除瑕疵，給皮膚一種透氣和乾淨的感覺。把純西瓜汁塗在臉上，15分鐘後用清水洗淨即可。

10.泥面膜 陶土或者泥面膜對油性皮膚有顯著的效果，但是不要把它們用在乾性皮膚上，因為它們太刺激了。洗去面膜後，肌膚表層的污垢、油脂和死皮都隨著面膜一同被清洗掉了。如果你是T字出油、兩頰乾燥的肌膚，就把泥面膜塗在T字部位，臉頰上使用溫和滋潤的面膜。

11.啤酒酵母面膜 啤酒酵母面膜對油性皮膚非常好，而且不會使皮膚乾燥。用一茶匙的啤酒酵母和足量的天然優格混合成薄薄的混合物。把它們完全地拍打在油膩區域，經過15～20分鐘，它們全部乾透了，用溫水洗淨肌膚，會感到清爽而不乾燥。

12. **香蕉可以光滑肌膚** 香蕉是抗皺的最有效成分之一，因為它含有維生素、礦物質，以及平滑、舒緩肌膚的物質。把兩到三片香蕉與牛奶和在一起，搗成泥狀，塗在臉上，15～20分鐘後用溫水洗去。

13. **黃瓜面膜** 要給敏感的肌膚補水，把半根去了皮的黃瓜，一大湯匙的優格，一些草莓和一茶匙的蜂蜜混合在一起，塗在臉上，等它乾了後溫和地洗去。

14. **用胡蘿蔔去面疱** 胡蘿蔔面膜可以給長面疱的肌膚帶來福音。把一個小的生胡蘿蔔搗碎調成糊狀，或者加一點水煮熟後搗碎。之後把面膜塗在面疱處，15～20分鐘之後洗去擦乾。

15. **維生素的混合物** 用鱷梨肉、少許橙汁、蜂蜜、糖蜜和幾滴甘菊精華油混合，可以做成修護面膜，給你的肌膚提供豐富的維生素。

16. **用面紙或化妝棉擦拭** 如果你的皮膚特別乾燥，做完面膜後選擇用面紙或化妝棉來擦拭，這樣幾小時後仍可以有一層薄薄的滋潤液停留在臉部。但注意不要留得過多，不然會堵塞毛孔。

17. **做一個局部肌膚測試** 容易過敏的皮膚在使用面膜時要非常小心。用少量的面膜塗在耳後區域，觀察在24小時內有無任何過敏反應。一旦覺得有刺痛感或者灼燒感馬上去除面膜。

18. **厚厚地塗上面膜** 塗上厚厚的面膜效果最好，所以不用擔心面膜塗得過多。節約使用面膜是一種錯誤的方式，因為太薄的面膜無法發揮太大效用，而且你不得不經常使用它。

19.**花瓣面膜**　把少許玫瑰花瓣碾碎，和一點牛奶調成糊狀，就可以製成玫瑰花面膜。如果喜歡的話，也可以加入一茶匙蜂蜜。塗在乾淨的皮膚上，15～25分鐘後用清水（不含皂類）洗去，你的肌膚將會變得光滑、細嫩並且光彩照人。

20.**葡萄精華**　忘掉那些昂貴的乳液吧，因為葡萄汁可以清潔所有類型的肌膚。只要簡單地把一或兩顆大葡萄擠碎，去核後把葡萄肉擦在臉上和頸部，可以產生迅速抗氧化清潔作用，然後再用清水洗淨。

高光

●不要給人濕濕的感覺 ●點幾下高光 ●做一個光彩照人的女人 ●噴霧水的醒膚作用 ●閃亮女孩 ●提亮作用 ●選擇適合你的產品 ●不要用一般的亮粉

1.**不要給人濕濕的感覺**　彩液和高光（Highlighters）能夠突出你想強調的部位，但是把它們當做基本彩妝使用時要小心，不要讓你的臉看上去有濕濕的感覺。取一點混入一般的粉底液裡再使用，效果最佳。

2.**點幾下高光**　在臉上點幾下高光有強烈的提亮效果。在眼角的內側，唇部或者是鼻尖上點幾下高光，可以增加亮度，讓你臉部的輪廓更清晰。

3. **做一個光彩照人的女人** 補救暗淡無光的皮膚最好的辦法就是在塗完滋潤霜後，在上粉底液之前塗上亮光粉，或者在化完妝後輕輕塗在妝面上，也可以迅速讓皮膚看起來充滿活力，效果能持續半天。它們可以立即使你光彩照人，看上去神采奕奕。

4. **噴霧水的醒膚作用** 把噴霧型的玫瑰水或者噴霧水噴在化完妝的臉部能夠有醒膚作用。它為皮膚補充水分，使皮膚自然又精神，無需使用額外產品就能讓皮膚看上去水嫩清透。

5. **閃亮女孩** 帶有金色成分的高光特別適合在夏天使用，它可以用在未上妝的皮膚上，或者用在顏色較深的皮膚上。不過在冬天的冷色光線下，選擇帶有粉色成分的高光可以產生相同的作用。

6. **提亮作用** 把幾滴高光或者閃亮乳液混合在粉底液中，有微微閃亮的作用。你可以用在顴骨、眉毛和上唇來提亮膚色。

7. **選擇適合你的產品** 許多高光和彩妝品通常是霜狀、膏狀、多功能筆或者是管狀，可以塗在特別區域或者混合在乳液或粉底裡塗在整個臉部。

8. **不要用一般的亮粉** 想選擇具有多功能效果的產品，不妨選用一款精緻輕薄的閃粉，你可以用刷子塗在臉部甚至是肩部、領口和腿上。這些精良的高分子產品比十幾歲年輕人在迪斯可舞會上用的亮粉的效果要好很多。

●豐潤你的雙唇 ●突顯唇形 ●不要把口紅沾到牙齒上 ●不要用過深的唇線筆 ●不要舔嘴唇 ●解決乾燥問題 ●營造唇部的立體效果 ●唇彩的保質期短 ●自製混合顏色 ●勾勒唇形 ●擁有滋潤的雙唇 ●防止塗抹不均 ●用一款好的潤唇膏 ●別忘了塗唇膏 ●唇膏塗在粉底液上 ●用指尖測試 ●平衡上下唇的厚度 ●唇膏和膚色相配 ●用蜜粉防止掉色 ●光彩奪目 ●大嘴唇要慎選唇膏 ●亮彩的乳霜 ●金色的絢麗效果 ●漂亮且均勻 ●平衡唇部視覺效果 ●用維生素E來固定唇膏

1. **豐潤你的雙唇** 最新研發出來的唇彩，含有肉桂和薄荷腦之類豐潤作用的成分，它們可以暫時地滋潤唇部，和那些有永久作用的諸如膠原蛋白和糖醛酸之類醫用唇部滋潤物，有相同的作用。

2. **突顯唇形** 不要勾出整個唇部的唇線，想突出嘴唇的輪廓，只要勾出唇弓和下嘴唇的中央部位，在嘴角塗上自然的胭脂。這樣能夠突出你的唇形，讓它稜角分明，引人注目。

3. **不要把口紅沾到牙齒上** 在塗完口紅時，把食指放入嘴唇裡（就像放棒棒糖一樣），然後慢慢地抽出來。所有本來會留在你牙齒上的口紅都會被成功地移出，你可以放心安全地微笑。

4. **不要用過深的唇線筆** 不要使用比你的唇膏顏色深很多的唇線筆來勾勒唇線。

5. **不要舔嘴唇** 不要試圖去舔由於惡劣環境和缺水引起的乾燥、破裂或有裂痕的嘴唇，因為這麼做會讓嘴唇變得更加乾燥。相反地，應該多喝水並且用護唇膏或者滋潤液來保持唇部的豐盈。

6. **解決乾燥問題** 非常缺乏光澤且耐用的唇膏可能會很乾而且沒有油分。如果你的嘴唇很容易乾燥，使用含有滋潤成分的唇膏會讓你更動人。

7. **營造唇部的立體效果** 淺褐色的眼線筆可以用來畫唇線。在嘴角內部和上下唇勾勒一點唇線，可以讓唇部稜角分明且更加有立體感。

8. **唇彩的保質期短** 唇彩的保質期沒有唇膏的長，那是因為它們的成分不同，而且唇彩乾得更快。如果發現唇彩變了味道和顏色，或者塗在唇後，看上去或感覺上不一樣，那就是需要更換的時候到了。

9. **自製混合顏色** 如果你找不到合適的顏色，可以利用手頭上現存的唇膏來創造出一種新顏色。只要用唇刷把顏色在手背上混合好，直接塗在嘴唇上即可。

10. **勾勒唇形** 若要勾勒出完美的唇形，可以先用唇刷塗完口紅，然後用顏色相匹配的唇線筆來勾唇線。這樣萬一你的唇膏掉色了，你的嘴唇看上去才不會過於誇張。一定要順著你自然的唇線來畫。

11. **擁有滋潤的雙唇** 就像你的臉部需要定期滋潤保養一樣，你的唇部也是。睡前的時間是皮膚吸收滋潤液的最佳時段。睡覺前，用你最喜歡的護唇膏厚厚地塗抹在嘴唇上，一覺醒來，你將會發現嘴唇變得非常水潤豐盈喔。

12.防止塗抹不均 為了防止唇膏塗抹不均，可以用唇線筆來勾勒你的唇線，這樣可以填充顏色防止顏色不均。

13.用一款好的潤唇膏 在塗唇膏前先塗潤唇膏，它會撫平嘴唇表面的細紋，並且保持色彩持久。無光澤的唇膏顏色會增強乾燥的感覺，塗上潤唇膏就會顯得潤澤。

14.別忘了塗唇膏 如果你化了妝，一定要在嘴唇上塗點什麼，即使是一點唇線或者唇彩也行，這樣才能保證你看上去完成了所有的步驟。

15.唇膏塗在粉底液上 想要擁有完美的唇部妝容，可以用濕海綿蘸上一層薄薄的粉底液塗在嘴唇上，等它乾了後再塗唇膏。這樣可以調整膚色，並且讓唇膏的作用持續更久。

16.用指尖測試 在選擇唇膏時，千萬不要直接在你的嘴唇上試用。從衛生的角度來看，指尖是最佳的測試部位，因為那裡的顏色和皮膚組織與唇部最接近。

17.平衡上下唇的厚度 只在薄的那瓣唇上勾勒唇線，可以使得上下唇厚度看上去一樣。或者選擇在薄的那瓣唇上塗抹顏色稍深的唇膏，可以增加清晰度。

18.唇膏和膚色相配 不要老想著唇膏怎麼和衣服搭配，而忽略了膚色。多考慮和你膚色相配的唇膏而不是配你的外套，這樣才會帶來最佳的效果。

19.用蜜粉防止掉色 為了防止口紅掉色，在塗完口紅後，可以用蜜粉點在上下嘴角的外圍來補充唇線，然後把多餘的粉刷去。

20.光彩奪目 在唇部的中央，特別是上唇塗抹唇彩，可以製造飽滿的感覺，讓唇部看上去更加豐盈。

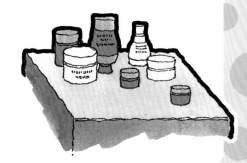

21. 大嘴唇要慎選唇膏 如果你的唇部較大，不要不好意思。用深色的無光唇膏可以營造出一種明星的氣質。避免使用亮彩和非常淡的顏色，不然會帶來過分妖艷的不良感覺。

22. 亮彩的乳霜 如果把輕薄的亮彩乳霜塗在唇線上，然後再用唇膏或者唇彩，會給薄嘴唇營造自然的立體效果。

23. 金色的絢麗效果 想要立刻在晚間變得光彩照人，可以把少許金色的或閃亮的唇彩添加到日用的唇膏裡，能展現出適合夜間的神奇效果。

24. 漂亮且均勻 有些女人天生唇部顏色不均。為了均衡唇部的色彩，把少量粉底液塗在嘴唇上，等乾了後再塗唇膏。

25. 平衡唇部視覺效果 如果你的唇尖比較薄，可以把唇彩塗在唇尖來突出它，讓它看上去更顯眼，然後輕輕地把唇彩往下塗抹。

26. 用維生素E來固定唇膏 戳破一顆維生素E膠囊，把它抹在塗了唇膏的嘴唇上，可以立刻固定唇膏，防止掉色。

睫毛膏

●刷薄薄的睫毛膏 ●擴大眼睛的視覺效果 ●下睫毛少用睫毛膏 ●借助鏡子 ●一次刷一層 ●滋潤睫毛 ●丟掉用舊了的睫毛膏 ●溫水浸泡睫毛膏 ●不要攪拌 ●靜止的時候刷睫毛 ●修剪假睫毛 ●晚上不用摘除的假睫毛 ●刷去結塊 ●不要加水 ●捲根部的睫毛 ●專用睫毛膏 ●要先洗手 ●怎樣刷睫毛 ●紫色睫毛膏 ●避免塗得太多 ●巧用睫毛棒 ●上下睫毛都刷 ●在塗睫毛膏前先夾睫毛 ●夾睫毛的技巧 ●睫毛棒上的凸起部分 ●黑色適合深色皮膚

1. **刷薄薄的睫毛膏** 塗3～4層薄薄的睫毛膏要比塗1～2層厚重睫毛膏更加漂亮而且自然。刷睫毛膏時,越薄越好。

2. **擴大眼睛的視覺效果** 主要把睫毛膏塗在眼睛的外側睫毛,這樣可以讓眼睛看上去更大,並且把吸引力都集中到捲曲的睫毛上,讓它們看上去更加美麗誘人。

3. **下睫毛少用睫毛膏** 在下睫毛上要盡量少用睫毛膏,否則會讓你的眼睛看上去比實際來得小。下睫毛上用過多的睫毛膏會讓眼睛看上去無精打采。

4. **借助鏡子** 為了更簡單容易刷睫毛膏,眼睛朝下看鏡子,從根部一直刷到睫毛尖,先刷上睫毛,再刷下睫毛。這麼做能防止刷子碰到眼瞼。

5. **一次刷一層** 仔細地塗一層睫毛膏,等到乾了後再塗第二層。如果你只塗一層,這樣結塊的可能性會比較小。

6. **滋潤睫毛** 將凡士林、嬰兒油或者睫毛膏塗在睫毛上(閉著眼塗)一整晚,可以滋潤你的睫毛,防止根部斷裂。

7. **丟掉用舊了的睫毛膏** 如果你的睫毛膏已經使用超過三、四個月，應該丟掉它更換新的了。超過這個時間，睫毛膏會乾枯，阻礙你光滑平順地塗抹睫毛。

8. **溫水浸泡睫毛膏** 如果管底的睫毛膏很厚，可以把密封的那一頭放入溫水中浸泡幾分鐘，有助於讓睫毛膏變薄。

9. **不要攪拌** 不要把睫毛棒在睫毛膏管裡攪拌，這樣會讓空氣進入堵塞膏管，簡單地放進撥出就行了。不用的時候要蓋上蓋子。

10. **靜止的時候刷睫毛** 不論你已經遲到了多長時間，不要試圖在移動的車上或者坐在火車上刷睫毛或者畫眼線。不管你的手多麼靈巧多麼穩，想要平穩地塗幾乎是不可能的。

11. **修剪假睫毛** 在貼假睫毛來勾勒你眼睛輪廓前，先修剪它，把外圍剪得稍微長一點，有擴大眼睛的視覺效果。

12. **晚上不用摘除的假睫毛** 假睫毛的技術正日新月異發展中，許多美容院現在都提供可以持續用3個月的假睫毛。這些假睫毛是一根一根植上去的，提供神奇的睫毛長度和顏色，但是你必須嚴格地按照指示來操作。

13. **刷去結塊** 如果你手頭上沒有睫毛刷，可以用一個舊的、已經洗過並吹乾的睫毛刷在睫毛上迅速地刷幾下，來掃除多餘又難看的結塊。

14. **不要加水** 不要把水或者其他液體加入睫毛膏內來防止它變乾，因為這樣會稀釋防腐劑，導致微生物和細菌的滋生。

15. **捲根部的睫毛** 在刷睫毛膏時，用睫毛棒捲起根部的睫毛。因為是根部附近而不是睫毛尖上的睫毛膏讓睫毛變長變厚。

16.**專用睫毛膏** 千萬不要與他人共用睫毛膏，這是最常見的傳播例如結膜炎這類眼部傳染病的途徑。如果你一隻眼睛發炎了，兩隻眼不要用同一個睫毛膏，防止細菌從一隻眼睛傳到另一隻。

17.**要先洗手** 在塗睫毛膏前先洗手，這樣可以減少把手上的細菌傳到眼睛裡的風險。特別要提醒那些在塗睫毛膏時會用手接觸眼睛區域的人。

18.**怎樣刷睫毛** 為了達到最佳效果，把睫毛膏平穩地從根部刷到睫毛尖，手勢向上塗睫毛。要避免左右方向塗睫毛的動作，這樣會塗得很厚。

19.**紫色睫毛膏** 想要給深色睫毛換一種顏色，可以塗上一層紫紅色的睫毛膏，會突出深色的頭髮和眼睛。在黑色的睫毛上全部塗上紫紅色的睫毛膏，是晚間極好的選擇。

20.**避免塗得太多** 剛買來的睫毛膏很薄也很濕潤，但是時間一長會變得厚重。為了避免塗得過多，可以在塗之前讓睫毛棒在空氣裡晾幾秒鐘再用。

21.**巧用睫毛棒** 首先用朝上的手勢把睫毛膏塗在內側和中間的睫毛上，然後再把重點放在外側的睫毛，沿著45度角掃刷睫毛，可加強眼睛的輪廓感。

22.**上下睫毛都刷** 上下睫毛都刷上睫毛膏，可以讓它們更加濃密，眼睛顯得更深邃。在晚間看上去效果特別好。

23.**在塗睫毛膏前先夾睫毛** 在刷睫毛膏前先夾睫毛，這樣會更容易刷到睫毛根部，甚至可以刷到全部睫毛，保證讓你有更好的效果。

24.**夾睫毛的技巧** 沒有什麼方法比夾睫毛能讓眼睛看上去更大了。先在根部夾一下，然後在睫毛中部夾一下，各停留10秒鐘，夾睫毛前一定要確實清潔睫毛。在熱吹風機下先把金屬夾子加熱幾秒鐘，可以更容易使睫毛捲翹。

25. 睫毛棒上的凸起部分 選擇一款睫毛棒凸起的睫毛膏，而不要用有刷毛的睫毛棒，這樣可以避免結塊，保證塗層的平滑。若使用睫毛刷的話，睫毛膏會沾在睫毛刷上，然後被留在睫毛上。

26. 黑色適合深色皮膚 有一條規律，頭髮呈深黑色、肌膚為深色的人最適合黑色眼睫毛，因為這樣可以襯托出完美的黑色。相反地，白皮膚和淺色眼睛用棕色或黑褐色，能夠突顯輪廓卻不會過度誇張。

完美的微笑

●生薑去除舌苔 ●天然的海藻 ●選擇沙威隆 ●親吻可以消除雙下巴 ●刮舌頭 ●聰明使用顏色 ●牙齦按摩 ●檸檬的美白作用 ●草莓去除牙漬 ●保持牙齒年輕 ●找牙醫幫助 ●用雷射去除牙漬 ●使微笑更亮麗 ●快速的牙齒矯正 ●牙線的好處

1. 生薑去除舌苔 如果你有舌苔，就多喝水，因為缺水是長舌苔的主要原因。萬一這樣做也沒有幫助，試著含一片新鮮的生薑在嘴裡，它可以自然地幫助減少口腔中的細菌。

2. 天然的海藻 人們認為，海藻是可以保護牙齒和牙齦健康的營養食品，它可以去除牙菌斑。但是即使這樣也不要停止刷牙和使用牙線。

3. **選擇沙威隆**　沙威隆是去除牙齦腫痛和疾病的最佳成分，可以短期內使用它。在特製的漱口藥裡能找到這種成分。

4. **親吻可以消除雙下巴**　在道晚安時的親吻可以讓獨立的37塊肌肉活動起來，親吻時間越長，效果越佳。定期的接吻可以使兩頰肌膚緊致，你的伴侶也應該感謝你！

5. **刮舌頭**　刮舌頭是口腔清潔非常重要的一部分，因為它可以去除嘴裡的細菌，以免導致呼吸道疾病和形成污染牙齒的牙菌斑。

6. **聰明使用顏色**　想讓牙齒看上去潔白如磁，可以塗冷色調（桃紅色、淡紫色、紫紅色）的唇彩。

7. **牙齦按摩**　牙醫推薦進行溫和的牙齦按摩，可以加強和堅固牙床，促進血液循環，防止牙齦炎和預防疾病。你可以用特殊的牙齦刷來達到此目的，或者每天用食指按摩牙床，加上用草藥清洗牙齒和把油塗抹在上面，這樣效果更好。

8. **檸檬的美白作用**　把碾碎的檸檬刷在牙齒上可以有自然的美白作用。檸檬是一種天然的漂白成分，它可以美白牙齒但不傷害牙床。

9. **草莓去除牙漬**　把草莓一切為二，用流著汁的一面塗抹牙齒。這是一種簡單的亮白牙齒和去除牙漬的天然方法。

10. **保持牙齒年輕**　年輕的牙齒和牙床之間沒有縫隙。要保持牙床看上去年輕和健康，避免洗刷過頭或者刷得太用力，這樣會讓你的牙齒老化，使得你看上去比實際年齡要老。

11. **找牙醫幫助** 每周使用一次美白牙膏，更重要的是，每6個月要去看一次牙醫，清潔一次牙齒，特別是牙齒之間的縫隙。毫無疑問，這是個讓你看上去更美麗的好方法。

12. **用雷射去除牙漬** 美白科技用雷射光和美白凝膠進行一次性的治療，可以達到立即見效的效果。雷射可以活化凝膠與穿透牙釉。

13. **使微笑更亮麗** 牙齒美白可以去除牙色不均和牙斑，通常可以使牙齒比以前亮白4倍。各種美白技術包括藥物美白、溫和酸化、洗牙和雷射美白，但以上治療方法不適合敏感性牙齒和牙齦。

14. **快速的牙齒矯正** 一口整齊的牙齒可以讓你看起來美麗又充滿自信。快速矯正牙齒是一種新技術，可以平整牙齒，矯正上牙和下頜前突，一個療程約3～8個月，比一般的2～3年要縮短很多。

15. **牙線的好處** 用牙線是日常口腔清潔最重要的環節之一。用帶狀或者線圈狀的牙線來幫助清潔那些難以碰到的區域。

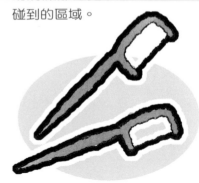

化妝工具

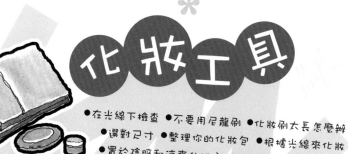

●在光線下檢查 ●不要用尼龍刷 ●化妝刷太長怎麼辦 ●選對尺寸 ●整理你的化妝包 ●根據光線來化妝 ●置於陰暗和涼爽的地方 ●用眼刷塗眼影 ●小心化妝品變色 ●輕輕地刷腮紅 ●準備一把腮紅刷 ●細刷可以畫輪廓 ●不要把手伸進罐子裡 ●怎樣塗粉底液 ●備上多把刷子 ●用中等硬度的刷子 ●分開使用刷子 ●溫和地清洗 ●徹底清洗 ●恢復原來的形狀

1. **在光線下檢查** 如果你經常會把妝化得過濃，注意一下，化妝時須站在光線充足的鏡子前。兩頰過紅或者粉底液塗得太厚是缺乏經驗的人常犯的錯誤。

2. **不要用尼龍刷** 在多數情況下，天然的刷毛要比尼龍或其他人工合成的材料要好，後者比較僵硬，會擦傷臉部。大多數美容師喜歡用天然毛製成的刷子，因為它們的觸感柔軟平滑。

3. **化妝刷太長怎麼辦** 多數化妝刷都太長而不能裝進小化妝包裡。試著買個旅行外出用的化妝包或者可以折疊的化妝刷。

4. **選對尺寸** 為了達到最佳效果，選擇和化妝區域大小相配的化妝刷。例如，眼瞼刷要比臉頰刷小。

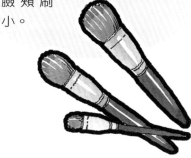

5. **整理你的化妝包** 化妝品可能很少會用到它們過期的日子，但是就像食物一樣，保留時間太長會變質。唇膏不要使用超過兩年，粉底液不要超過一年，防曬霜不要超過半年，這樣才能保證絕對安全。

6. **根據光線來化妝** 化妝時的光線要和你將要去的地方的光線相近，或者至少花點時間去檢查你的妝容在相同條件的燈光下看起來如何。為了避免錯誤，使用有幾種光線選擇的化妝鏡，可以選擇白天、晚上和冷暖光線下的效果。

7. **置於陰暗和涼爽的地方** 因為化妝品中含有防腐劑和活性成分，只要避開高溫與直接日曬，化妝品可以保存較長的時間。最好的儲存地方是抽屜、冰箱或者遠離光線的櫥櫃。

8. **用眼刷塗眼影** 不要試圖用手指來塗眼影，一把天然的纖維刷子是完美地上妝以及讓你的妝看上去更專業必不可缺的工具。不要使用尼龍刷，它只有塗開顏色的作用而不能用來塗眼影。

9. **小心化妝品變色** 當化妝品開始變色、聞上去味道不對勁時，就應該丟棄不用，因為這說明裡面的油性成分開始變質了。如果油和脂肪分離，表示已經過期很久，千萬不要再拿來用了。

10. **輕輕地刷腮紅** 用一把大而軟的刷子來刷腮紅，這樣能保證讓你的妝看上去更加自然。

11. **準備一把腮紅刷** 每個人都需要一把腮紅刷，它和眼影刷應該被區分開來，因為眼影刷通常都殘留著些許眼影。腮紅刷應該柔軟而且乾淨，用它可以讓妝容看上去更自然。

12.**細刷可以畫輪廓** 用一把扁平的薄刷子，可以畫輪廓線、眼影。用刷子取適量的產品，和另一把乾淨的刷子一起製造專業的妝容。

13.**不要把手伸進罐子裡** 如果可以的話，盡量不要把手指伸入罐子裡，因為這會增加把細菌帶入化妝品中的機會。用乾淨的塑料抹刀或者勺子代替。

14.**怎樣塗粉底液** 每天上妝時，用海綿塗粉底液是很好的選擇，因為它能使粉底液貼合肌膚。海綿可以讓粉底液形成保護層，因此，你可以用海綿塗上薄薄的粉底液，而在問題區域塗厚些。

15.**備上多把刷子** 專業美容師和一般人不一樣的一個地方，就是他們使用多把刷子。不妨預約一堂美容課，看看他們是用什麼刷子來為你化妝的，然後請教他們對家用必備套裝的建議。

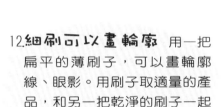

16.**用中等硬度的刷子** 刷毛不能太硬，不然會刮傷臉部肌膚，而且無法塗上彩妝。但是也不能太軟，因為鬆垂的刷毛會非常難以控制。中等硬度的刷毛效果最佳。

17.**分開使用刷子** 沒有什麼事比以下這種情況更掃興了：你想塗淺色眼影，但是因為殘留在刷毛上的深色眼影而用到了不想要的深色。請把塗深色眼影和淺色眼影的刷子分開吧。

18. **溫和地清洗** 為了防止引起皮膚發炎，可以用日用的洗潔精或者溫和的清洗液來清洗刷子。它們比有專門成分的洗刷液更加溫和，刺激更少，不容易引起皮膚過敏。

19. **徹底清洗** 至少每3個月用肥皂水來清洗你的化妝刷，以確保它們清潔、沒有污染物。如果別人用過你的化妝刷，在你下次使用之前一定要徹底清洗，否則你將很可能把細菌帶進化妝品裡。化妝海棉和塗抹用具應該一周清洗一次。徹底洗淨，然後晾乾。

20. **恢復原來的形狀** 在洗完刷子後，把它們恢復成原來的形狀平躺放置，直到自然乾透後再使用。如果刷毛翹起來或者開始脫落，那就到了你該買新刷子的時候了。別忘了注意刷子的形狀，每把刷子都是為了特別的用途而專門設計的，如果它開始變形，就不能發揮最好的效用。

haircare 護髮

- ★ 髮色
- ★ 髮型和臉型相配
- ★ 健康的頭髮
- ★ 護髮膜
- ★ 洗髮精和潤髮乳
- ★ 造型
- ★ 造型工具

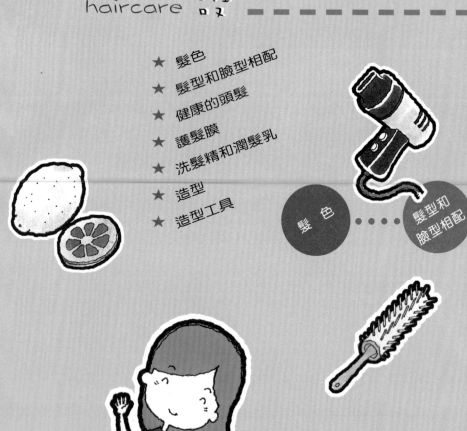

髮色 ····· 髮型和臉型相配

護髮膜

健康的頭髮

洗髮精和
潤髮乳

造型工具

造　型

髮色

●金髮要準備帽子 ●用淺色還是挑染 ●紅髮的人用胡蘿蔔汁 ●隨著季節染色 ●迷迭香適用多數髮色 ●用甘菊來洗金色頭髮 ●掩飾灰白的頭髮 ●在未洗髮前染髮 ●黑色不適合金髮 ●不要超過4倍 ●戴手套 ●深色頭髮要防曬 ●不要用PPD（苯二胺） ●用適合你膚色的顏色 ●植物染髮液染灰白頭髮 ●顏色可增加頭髮厚度

1. 金髮要準備帽子 不論你是天生金髮還是染成的金髮，都要避免接觸氯，它會讓頭髮變綠。游泳時要戴上泳帽，並且使用抗氯的洗髮精來保持頭髮顏色的自然。

2. 用淺色還是挑染 淺色可以提亮頭髮，而挑染則有加深的作用；挑染的顏色是指紫紅色、赤褐色或者栗色。通常頭髮上用兩到三個顏色可以讓你看上去比較具立體感而且超級亮麗。但是不要超過限度，不然會產生反效果。

3. 紅髮的人用胡蘿蔔汁 如果你的頭髮是呈橘黃色的紅髮，可以用胡蘿蔔汁塗在頭髮上，5分鐘後像往常一樣用洗髮精清洗，這樣可以增強頭髮的自然色。胡蘿蔔中的成分可以激化橘黃色素，讓頭髮濃密、色彩鮮艷。

4.**隨著季節染色** 在深秋挑染頭髮可以有提亮作用,因為夏天暴露在太陽下,髮根的顏色最淺,同時也最乾枯。挑染可以提亮髮色,讓頭髮的顏色更接近冬天的顏色,使你看上去格外有精神。

5.**迷迭香適用多數髮色** 把迷迭香放入熱水中10分鐘,待水溫下降,洗完頭髮後,用這種浸有迷迭香的溫水來沖洗頭髮,然後再用涼一點的水沖洗乾淨,可以讓你的頭髮閃亮動人。這種方法適用於多數髮色,可以提供頭髮養分。

6.**用甘菊來洗金色頭髮** 在洗完頭髮後,用冷卻的菊花茶水來沖洗,是提高金黃色頭髮亮度的一個好辦法。這樣可以使頭髮形成一層保護膜,突顯自然的金黃色,而無需借助其他產品。

7.**掩飾灰白的頭髮** 上了年齡的頭髮比年輕的頭髮更難染色。用染髮來取代一大片無生氣的頭髮,可以讓頭髮看上去像被太陽曬過一樣健康自然。

8.**在未洗髮前染髮** 剛洗完頭髮後不要去美髮院染髮。髮根在沒有水的情況下看得最清楚,而且也比較好整理。

9.**黑色不適合金髮** 如果你天生金髮,染髮時不要嘗試太深的顏色。深色會讓你整個人看起來沒有精神,一副非常整腳的感覺。如果你想要染深色,可以一步步來,選擇挑染要比全部染上顏色要好得多。

10.**不要超過4倍** 不要把頭髮染成比原來髮色深4倍以上的顏色。它會掩蓋你眼睛與皮膚的色彩,給人蒼白和不健康的感覺。

11. **戴手套** 自行染髮時，一定要戴上手套防止你的雙手和指甲染到染髮劑，同時在髮際周圍的皮膚上塗一層保濕霜或者凡士林來保護肌膚。

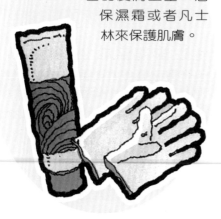

12. **深色頭髮要防曬** 你頭髮的顏色越深，你就越有必要使用含有SPF成分的洗髮精，因為陽光會使你髮色中的營養流失，讓頭髮失去光澤和生氣。

13. **不要用PPD（苯二胺）** 如果你想染髮，選擇純天然的植物染髮藥水，而不要用含有PPD的染髮水，它會滲透進皮膚，引起健康問題。特別是深色的染髮水，裡面多含有此類成分。

14. **用適合你膚色的顏色** 如果你皮膚蒼白，不要用太亮或白色的顏色染髮。相反，選用甜美的金色來襯托你皮膚中自然的玫瑰色，請你看上去更加健康。

15. **植物染髮液染灰白頭髮** 最佳的掩蓋灰白頭髮的方法是選擇比原來頭髮顏色淡一點的天然植物染髮液，它可以自然地染髮，而且不會使頭髮乾燥和損壞頭髮。

16. **顏色可增加頭髮厚度** 顏色有增加頭髮厚度的視覺效果，給稀疏的頭髮和長髮帶來好處。但是你染了頭髮以後，暫時不要使用增髮洗髮精，試試其他的產品再決定什麼適合你的需要。

髮型 和 臉型相配

● 瀏海適合心型臉 ● 請教專家
● 柔和的層次適合方型臉 ● 鵝
蛋臉適合的髮型 ● 適合圓臉的
髮型 ● 避免三角形 ● 給細髮剪
出層次 ● 剪出層次感 ● 好好利
用瀏海 ● 剪平髮尾 ● 剪短髮

1. **瀏海適合心型臉** 瀏海最適合心型臉了，它有拉長前額的效果，突出骨架和臉的下半部分。把頭頂的頭髮吹高也是一個辦法，但是要小心長髮、直髮或者中長髮，它們會產生把臉部向下拉的感覺。

2. **請教專家** 擁有一頭漂亮頭髮的最好辦法是剪一個好髮型。雖然花錢在專業的美髮上很貴，但是你會發現非常值得，因為，髮型除了能持久外，同時還可以減少使用的產品（和花在上面的時間）。

3. **柔和的層次適合方型臉** 如果你是方型臉，要避免剪短髮和短的式樣，否則會突出你的下巴。相反，應該在你的臉龐邊剪出柔和有層次感的髮型，消除和打破方形的感覺，讓旁人把注意力放在眼睛和前額上。

4. **鵝蛋臉適合的髮型** 鵝蛋臉是可塑性最佳的臉型。通常，它們最適合有層次的長髮或者短髮，這些髮型會突出天生的骨架，而不會有拉長下頷和拖長臉部的視覺效果。鵝蛋臉應該避免生硬的瀏海和過短的髮型。

5. **適合圓臉的髮型** 圓臉的人應該避免瀏海和把頭髮攏向臉側後方的髮型。短髮最適合圓臉的人，因為增加臉部周圍的頭髮可以彌補缺陷。

6. **避免三角形** 如果頭髮長度正處於中長髮和長髮之間，你可能會發現頭髮的重量會使頭頂看上去很小，下頷變大了，從頭頂到肩膀形成一個可怕的三角形。這樣很不好看，所以在這個過程中，你應該重新剪一個適合留長髮的髮型。

7. **給細髮剪出層次** 非常細的頭髮不能留過肩膀，因為這會使頭髮更細更脆弱，如果是金色的頭髮，看上去會更透明。剪個層次或者短髮都好，但是要注意加強臉部兩側頭髮

的視覺效果，那裡的頭髮是比較稀疏的，用瀏海補救是一個好辦法。

8. **剪出層次感** 把全部頭髮都剪得有層次，而不是只剪前瀏海，可以增加頭髮的飽滿感，看上去比實際豐厚，無需多餘的整理。

9. **好好利用瀏海** 如果你想在髮型上加以改變，但又不想大動干戈，剪瀏海就可以了，它可以很大程度地改變你的形象。輕柔的瀏海比埃及艷后式的瀏海要溫柔，也比較容易梳理。

10. **剪平髮尾** 如果你的頭髮很薄，而且看上去又細又容易斷裂，就把末端的頭髮剪平，而不要削薄。髮尾剪平可以讓頭髮有濃密的視覺效果。

11. **剪短髮** 上了年紀的肌膚和臉龐通常在淺色的短髮映襯下會比較漂亮，而長髮會把臉部往下拉，讓皺紋更加明顯。還有，你的頭髮越短，它們看上去就越濃密。

健康*的頭髮

●謹防高溫帶來的損傷 ●枕在絲綢上 ●搓揉和修剪 ●修補受傷的組織 ●按摩可以讓頭髮變得濃密 ●去除多餘成分 ●停止分叉的現象 ●去除頭皮屑 ●多吃鮭魚 ●減少頭髮的損傷 ●頭髮健康地生長 ●去頭皮屑 ●搞定細毛 ●40歲的頭髮保養 ●飲食補充頭髮營養 ●海藻可以使頭髮變粗 ●用毛巾裹起來 ●從底部開始解結

1. 謹防高溫帶來的損傷

在你吹乾或拉直頭髮之前，先使用防止頭髮被燙傷的護髮產品，特別是捲髮和蓬鬆髮式的人。產品中的護髮成分和聚合物可以保護你的頭髮免受傷害。

2. 枕在絲綢上

睡在絲製的枕頭上可以幫助頭髮整晚都平滑不受擠壓，因為綿製的枕頭套裡面的毛柄會黏在頭髮上，而絲製的不會，能讓你第二天早晨起來頭髮光滑如絲。把你的絲巾裹在旅館裡的枕頭上，這樣你在度假時也可以保持頭髮光彩迷人。

3. 搓揉和修剪

雖然不能根本地解決問題，但這裡提供一個暫時去除分叉頭髮的方法：輕輕地揉搓一小股頭髮，直到損壞的和分叉的髮梢出現並被分出來，用一把剪刀與髮梢成90度的方向剪去它們。只要修剪開叉的髮梢，而不要剪短長度。

4. **修補受傷的組織** 頭髮斷裂通常是由於粗心梳理和使用橡皮筋造成頭髮中部組織斷裂所引起的，如果好好保養的話，是可以避免的。在濕髮的時候不要刷頭髮，使用柔軟的纖維髮繩或者頭箍來扎頭髮。避免使勁用毛巾擦乾，相反地，你應該用毛巾把頭髮包裹起來，輕柔拍打和擠壓來吸走多餘水分。

5. **按摩可以讓頭髮變得濃密** 頭髮開始變得稀疏是老化的一種現象。我們每天都要掉50～100根頭髮，但是如果你掉得更多，就做頭部按摩，這樣可以刺激髮根，有助於頭髮的生長。

6. **去除多餘成分** 每周用一次深層清潔洗髮精，可以去除美髮產品和護髮素殘留在頭髮上的成分。遺留在頭上的產品殘留物的重量會使得頭髮下沉，造成頭髮難以梳理和髮色晦暗。

7. **停止分叉的現象** 頭髮分叉是中長髮的剋星，但是每6周修剪一次頭髮就可以避免。對於已經存在的問題，可以使用有修復髮根成分的產品，把它們塗抹在髮梢上並讓頭髮吸收，它們無法修補頭髮，但是能減少頭髮分叉。用強效的洗髮精、潤髮乳和護髮素也可以加強效果。

8. **去除頭皮屑** 去頭屑洗髮精會使頭髮變得乾燥，不要一直使用它，可以選擇另一種洗髮精來交替使用，這樣你既可以滋養頭髮又能達到去屑目的。

9. **多吃鮭魚** 吃鮭魚是使你擁有一頭閃亮秀髮的首選。它含有的魚油可以豐潤頭皮，在滋養頭皮的過程中不夾帶油脂。還可以試試沙丁魚、鳳尾魚和鯖魚，它們的魚油也很有效。

10.**減少頭髮的損傷** 比起飲食和環境，錯誤的方法更容易損傷頭髮。漂白、燙髮、拉直和高溫，都會損傷頭髮的外層表皮，所以要控制做頭髮的次數。比如說，如果你要染髮，就不要每天吹頭或者拉直頭髮，你不能同時做這些動作。

11.**頭髮健康地生長** 雖然頭髮每年只長15公分，而且你也不太可能大幅增加這個速度，但是富含維生素B、β胡蘿蔔素和蛋白質的飲食可以加快頭髮生長的速度。保持你的頭髮在一定長度，經常從底部開始，一部分一部分地梳頭髮，以避免頭髮斷裂。

12.**去頭皮屑** 如果你一直面臨頭皮屑和頭皮瘙癢的問題，可以試著用茶樹油來洗頭。經證明，已經有40％的患者使用後頭屑減少了。

13.**搞定細毛** 髮際邊和前額上的細毛是新頭髮生長受到阻礙的一個標誌。壓力和營養不良可能是一個原因，但是也可能是使用吹風機對髮根造成傷害

而導致的。用強效精華液是一種解決方法，不要在這個區域附近吹頭髮，有時候還要去美髮院做一個深層的護髮保養。除了用精華液，也可用護髮霜來修復受損的頭髮。

14.**40歲的頭髮保養** 一個令人沮喪的事實，40歲以後，特別是在更年期，頭髮的直徑會變小，而且生長緩慢，所以長出來的頭髮比以前少。如果你改變護髮的方式，避免刺激性的產品和做頭髮，可以有助於解決上述問題。

15.**飲食補充頭髮營養** 壓力和焦慮容易掉髮，但多數情況下是飲食不佳，引起頭髮缺少營養所致。多吃水果和蔬菜之類的健康食品，可以促進頭髮生長及加快它的深層呼吸，修復含氧組織。

16.**海藻可以使頭髮變粗** 據說海藻中所含的成分有助於頭髮變粗，不僅可以促進頭髮生長，防止日曬和污染對頭髮造成傷害，還可以提供髮根必要的微量元素。

17.用毛巾裹起來 濕頭髮非常脆弱，摩擦會損傷髮質，用毛巾輕拍頭髮，而不要擦乾。最好的辦法是洗完頭髮後用乾毛巾直接鬆鬆地包裹起來，讓棉毛巾自然地吸收水分。不要把毛巾裹在頭頂，這樣會拉傷頭髮，使它們打結。順著頭髮來包裹它們，就像在美髮院裡做的一樣。

18.從底部開始解結 從頭髮的根部開始往下解開纏在一起的結，會容易扯壞和拉傷髮柄。相反，應該從底部開始慢慢地向髮根解開，利用留在頭髮上的護髮乳的作用，可以幫助解決那些困難區域。

*護髮膜

●麥芽能使頭髮濃密 ●雞蛋髮膜 ●蜂蜜製成的免洗髮膜 ●用檸檬提高亮度 ●用橄欖油滋潤 ●椰油的提亮作用 ●水果髮膜 ●預防掉髮 ●在洗髮精裡添加薄荷水 ●保養頭皮 ●自製髮膜

1.麥芽能使頭髮濃密 想擁有一頭濃密、亮麗、輕盈的秀髮，並且使它們看上去富有彈性、健康和光彩動人，可以使用麥芽髮膜。把富含維生素E的麥芽放入熱水中浸泡5分鐘，然後把水分擠乾，把剩餘物塗抹在頭髮上。5分鐘後，徹底清洗乾淨。

2.**雞蛋髮膜** 針對蓬鬆的頭髮，可以在家自製髮膜，把一個雞蛋和200克天然的（原味）優格混合攪拌，把它們擦在頭皮上按摩，這樣可以減少靜電，提升頭髮的亮度。幾分鐘後，用清水徹底清洗。

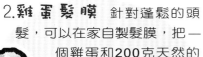

3.**蜂蜜製成的免洗髮膜** 免洗髮膜可以加強頭髮的亮度。把一茶匙蜂蜜調進500毫升溫水中。洗完頭髮後，把它們均勻地塗在頭髮上。不要洗掉，讓它自然晾乾。

4.**用檸檬提高亮度** 檸檬汁和醋對油性髮質有極好的效果。它們也能給金髮帶來光澤和提高亮度。不要直接把醋和檸檬汁倒在頭髮上，事先用水稀釋它們，然後均勻地塗抹在頭髮上。

5.**用橄欖油滋潤** 橄欖油是大自然極佳的滋潤品。為你的頭髮做一個深層的橄欖油護髮。輕輕地把稍微加熱的橄欖油抹在頭髮和頭皮上，然後用溫毛巾（用吹風機簡單地加熱一下）裹在頭髮上10～20分鐘。之後像往常一樣用洗髮精、護髮乳洗頭，最後吹乾即可。

6.**椰油的提亮作用** 椰油一直被認為有滋潤作用。把椰油加入一茶匙蜂蜜中當做髮膜塗在頭髮上，約10分鐘，可以滋潤乾燥或受損的頭髮。把椰油按摩頭髮並保持一個晚上，可以自然地軟化、滋養和放鬆乾燥和毛糙的頭髮。

7.**水果髮膜** 用水果精華洗髮可以控油並且增加亮度。把一瓣橘子、一片蘋果和一小片檸檬加入1公升水裡，用蒸鍋加熱10分鐘。把水倒出，待冷卻後，加入500毫升蘋果醋。放置24小時後可用來沖洗頭髮。

8.**預防掉髮** 茶葉和檸檬汁可以用來預防掉髮，還能幫助增加頭髮的自然亮度。煮完茶後把茶水倒出，等冷卻後加入檸檬汁，在徹底清洗頭髮前當做護髮素使用。

9.**在洗髮精裡添加薄荷水** 把兩片薄荷葉放入1升水中煮20分鐘，然後把薄荷水灌入一瓶普通的洗髮精中。薄荷水適合中性至油性髮質使用，因為它有去污、排毒和清潔的作用。

10.**保養頭皮** 把一茶匙麥芽醋倒入一杯水中，再加入少許鹽巴，混合後塗在頭皮上並且用手指按摩，1小時後用冷水洗淨，每周兩次。醋溶液可以清洗和保養頭皮，減少油脂，增加頭髮亮度。

11.**自製髮膜** 把等量的蓖麻油、甘油、蘋果醋和溫和的植物洗髮水攪拌在一起。像平時用洗髮精一樣按摩頭髮，等10～20分鐘後洗去。這種自製髮膜可以給乾燥無光的頭髮增加亮色。

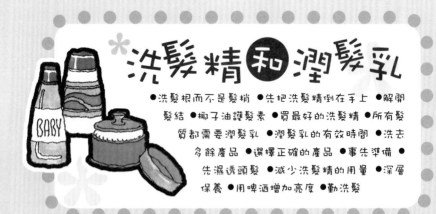

＊洗髮精和潤髮乳

●洗髮根而不是髮梢 ●先把洗髮精倒在手上 ●解開髮結 ●椰子油護髮素 ●買最好的洗髮精 ●所有髮質都需要潤髮乳 ●潤髮乳的有效時間 ●洗去多餘產品 ●選擇正確的產品 ●事先準備 ●先濕透頭髮 ●減少洗髮精的用量 ●深層保養 ●用啤酒增加亮度 ●勤洗髮

1.**洗髮根而不是髮梢** 用洗髮精洗頭髮的時候，要多清洗髮根而不是髮梢，這樣才可以把皮脂分泌最旺盛的區域洗乾淨，而且不會損傷乾燥的地方。

2. 先把洗髮精倒在手上

不要把洗髮精直接擠在頭頂上，先把它們擠放在手掌上，輕輕地揉出泡沫，用手指按摩讓它們均勻地被頭皮吸收。

3. 解開髮結

在洗頭髮之前一定要把髮結都解開，因為濕的頭髮很脆弱，這時梳理會造成頭髮斷裂。

4. 椰子油護髮素

用椰子油來按摩頭髮和頭皮，可以鎖住髮根至髮梢裡的水分，用它的光澤和看不見的保護膜來彌補流失的色澤。椰油同時也有助於防止日曬和高溫帶來的傷害。

5. 買最好的洗髮精

便宜的洗髮精都是帶有刺激性的清潔劑，不是為你頭髮的特殊需要而配製的。它們可能含有去水的酒精和樹脂。選擇你能負擔得起的最好的品牌，針對諸如染燙、乾燥、纖細、缺乏營養等頭髮問題，根據不同髮質的需要購買。洗髮精裡應該有抗氧化劑、維生素、防曬成分和滲透性強的營養液和滋潤液。

6. 所有髮質都需要潤髮乳

無論你是什麼髮質，每次洗頭的時候都需要用潤髮乳。頭髮細的人，把無油成分的潤髮乳塗抹在髮梢就可以了。頭髮粗的人，除了用一般的潤髮乳外，還可以用免洗的護髮霜。

7. 潤髮乳的有效時間

所有合格的護髮潤髮乳在30分鐘後都會失效，所以不要以為把護髮潤髮乳留的時間越長，效果就越好。為了達到更深層的護髮效果，可以另外買油膏或者髮膜，它們含有滋潤液和植物蛋白，可以深入髮根至髮梢。

8. 洗去多餘產品

過多的泡沫、凝膠和定型液沒有被徹底洗淨是頭髮產生問題的主要原因。如果必要的話，用洗髮精清洗兩次，沖洗次數盡可能多些，才能真正做到完全清潔。

9. **選擇正確的產品** 試用洗髮精和潤髮乳直到找到適合你髮質的產品為止。每隔幾個月要更換產品，以確保產品內所含的成分能發揮最佳效用，防止你的頭髮「習慣」了它們。

10. **事先準備** 如果你準備參加一場盛大的宴會，而你的時間有限，或者你的頭髮需要做造型，那麼在前一天晚上就先洗髮，這樣在你第二天做造型時會比較容易打理。

11. **先濕透頭髮** 在使用洗髮精前一定要讓頭髮完全浸濕，至少要用噴頭沖1分鐘。這樣能讓你少用洗髮精，洗起來更方便。

12. **減少洗髮精的用量** 想要擁有從來都沒有過的亮麗秀髮，把你現在每次洗髮精的用量減半（一茶匙左右的洗髮精就足夠了，長髮除外），而把你沖洗頭髮的時間加倍。

13. **深層保養** 如果你的頭髮漂染過，每週為你的頭髮做一次深層的保養很重要，盡可能鎖住缺水的頭髮中的水分，防止漂染造成的損害在髮中蔓延。

14. **用啤酒增加亮度** 為了讓頭髮看上去十分亮麗而且易於梳理，美髮師推薦用啤酒沖洗，它能替頭髮注入豐富的光澤。最後一定要用清水沖洗，避免你的頭髮聞上去像個釀酒廠。

15. **勤洗髮** 如果你每天洗頭或者兩天洗一次，不用擔心清洗過度的問題。據專家說，洗得越勤，洗髮精的效果越佳。頭髮和你身體的其他部位暴露在相同的環境中，所以清洗的次數要和你對待皮膚一樣多。

造型

●像專業美髮師一樣吹頭髮 ●選擇矽膠精華 ●把頭髮吹得滑順 ●和毛糙戰鬥到底 ●解決毛糙問題 ●防止頭髮打結 ●法式麻花辮 ●把頭髮吹八分乾 ●牛奶可以直髮 ●防止靜電 ●正確使用造型護髮慕絲 ●從後腦勺開始 ●自然乾 ●噴嘴可以防止頭髮發毛 ●用圓筒梳 ●讓秀髮絲般亮麗 ●蘆薈汁有順滑頭髮的效果 ●溫和的捲髮器 ●嘗試蓬鬆的散髮 ●淋浴前用髮捲 ●新的一天，新造型 ●凝膠保持長效 ●髮蠟 ●髮捲不要捲得太緊 ●有光亮效果的定型液

1. 像專業美髮師一樣吹頭髮 對於非常順滑的頭髮，可以用圓筒式的梳子和吹風機吹乾。梳上精華油或者塗上熱保護膜，然後把你的頭髮分成幾小部分，每部分5公分寬，從頸背到頭頂，一部分一部分地吹。把梳子放在頭髮底下，拿著吹風機沿著頭髮從髮根吹至髮梢。小心不要用梳子梳一大片頭髮，這樣會使頭髮打結。每個部分最後用冷風吹來結束吹乾的工作。

2. 選擇矽膠精華 幾滴矽膠精華會暫時給你的頭髮表層敷上一層保護膜並且使頭髮滑順。如果你的頭髮很毛糙、乾燥或者受到損傷，使用幾滴矽膠精華可以使頭髮有光澤。每次少用一點，防止它們和別的產品衝突。如果你的頭髮細而且油，髮梢塗一些就行了。

3. **把頭髮吹得滑順** 想要吹直頭髮，把直髮蠟或者精華液塗在濕髮上，用吹風機順著頭髮吹下來。如果你的頭髮容易發毛，不要從下往上吹，也不要把吹風口朝著上面吹，這樣會使頭髮表層變得乾燥，相反地，要從髮根吹至髮梢。

4. **和毛糙戰鬥到底** 如果你是捲髮或者頭髮容易發毛（特別在潮濕的天氣），試著用寬齒的梳子，它能分開頭髮，而不只是梳理頭髮。避免過度梳理頭髮，用手指塗精華素或者免洗護髮霜讓頭髮順滑，這樣容易定型和做出大捲造型來。

5. **解決毛糙問題** 如果你有頭髮毛糙的困擾，在出門前把頭髮完全吹乾。你的頭髮即使只有一點點濕，出門後一接觸到風或者空氣，都會打結或者發毛。

6. **防止頭髮打結** 為了避免長髮中形成明顯的結，不要在頭髮潮濕或者半濕的情況下綁馬尾或者盤髮髻，還有在用了定型產品6小時之內也不要綁。

7. **法式麻花辮** 有一個很好的辦法可以做出大捲的髮型，特別是對於濃密的頭髮：在頭髮還有點濕的時候，請你的朋友替你綁一個法式麻花辮，然後保持幾小時後用手指撥弄出大波浪。

8. **把頭髮吹八分乾** 吹頭髮並不總是對你的頭髮造成傷害，不要把你的頭髮吹得全乾，吹得八成乾即可，然後局部地吹或者做造型來避免頭髮受損。

9. **牛奶可以直髮** 根據印度的傳統，牛奶對拉直頭髮非常有效。為了達到直髮的效果，在頭髮濕的時候，把牛奶澆在頭髮上，接著等20分鐘後，再和往常一樣用洗髮精清洗乾淨。

10. **防止靜電** 為了整理散亂有靜電的頭髮,特別是在溫度較高且乾燥的天氣裡,把定型水噴在梳子上,然後梳理頭髮就行了。也可以用水來梳,記得要用有滋潤作用的洗髮精。

11. **正確使用造型護髮慕絲** 使用造型護髮慕絲最有效的辦法是把它們塗在濕髮上,然後吹乾,這樣有助於滋養頭髮,特別是你在提拉髮根的時候。用洗髮精和造型護髮素,加上多層次短髮,可以消除頭髮扁平的視覺感。

12. **從後腦勺開始** 先把定型液從後腦勺開始噴起,因為那裡的頭髮最多,然後慢慢向前額噴。這樣做會使得定型液被均勻地噴灑在頭髮上,不會讓頭頂上的定型液過多。

13. **自然乾** 盡可能讓頭髮自然乾,而不要總是求助於吹風機和定型工具,這樣才能使頭髮健康。如果你討厭起毛的捲髮,在頭髮快乾時,塗上精華液,用手指打捲來製造大捲,如此能營造出光滑漂亮的捲髮,而不是毛糙的小捲,你會喜歡上你的新造型。

14. **噴嘴可以防止頭髮發毛** 在吹頭髮的時候,使用附帶的噴嘴是防止頭髮發毛和蓬鬆的一個好辦法,這樣能夠對準頭髮,讓你吹到想吹的區域,而不會影響到其他地方,引起頭髮毛糙。

15. **用圓筒梳** 對於層次多的短髮,塗上慕絲後用圓筒梳來梳乾和做造型,這樣可以讓頭髮看上去又多又光滑,而且不會亂翹。一旦頭髮乾了之後,用手指弄好造型,在髮根塗上髮蠟或者凝膠來增加立體感。

16. **讓秀髮絲般亮麗** 柔華的絲綢可以增加頭髮的自然光澤，且有助於舒緩毛囊。把一塊絲巾包在梳子上「梳」頭髮，可以增加頭髮的光澤。

17. **蘆薈汁有順滑頭髮的效果** 如果你是捲髮，不想讓它變得毛糙，而且還能保持自然光澤，可用少量的蘆薈汁塗在頭髮上面，它能使頭髮順滑，並且沒有往下垂的感覺。

18. **溫和的捲髮器** 用捲髮器可以避免吹風機的熱風對頭髮造成傷害，達到擁有滑順捲髮的效果。抹一點定型液，然後用捲髮器來捲頭髮。過一個晚上後，你可以用手指來打理捲髮，會使頭髮顯得很自然。

19. **嘗試蓬鬆的散髮** 不要一直讓頭髮看上去梳得整整齊齊，不妨在上面撒一些定型液，然後用手指來做造型，可以增加自然效果，避免看上去梳得過於整齊。

20. **淋浴前用髮捲** 在使用非加熱型的髮捲時，可以在沐浴前就把它們捲在頭髮上，利用沐浴時的蒸汽加強髮捲的效果。確定頭髮都乾透了，再摘除髮捲。

21. **新的一天，新造型** 想要不剪頭髮就有新的造型，只要改變一下分髮線就行了。如果你習慣旁分，不妨嘗試中分，會讓你看上去更加年輕，充滿活力，引人注目。

22. **凝膠保持長效** 短髮、有層次的頭髮或者纖細的頭髮需要定型，凝膠可以給你一定程度的幫助。最好在濕髮時使用，頭髮乾後會自然定型，或者也可以吹乾頭髮後使用。如果在吹頭髮前使用，很可能會留下令人不快的頭皮屑。

23. **髮蠟** 髮蠟是給小波浪和中波浪髮型增加亮度和層次感的極佳產品。首先，把髮蠟塗在手上使它溫暖，然後輕輕地把它們均勻塗遍頭髮。不要這裡那裡零散地塗，那樣是無法達到完美的效果。

24. 髮捲不要捲得太緊

千萬不要把髮捲弄得太緊，否則會因為頭髮被拉扯得太緊而造成撕裂或連根拔出等損傷。記住，頭髮乾了後自然會收縮，所以在頭髮濕的時候用髮捲，要捲得鬆一點。

25. 有光亮效果的定型液

為了立刻擁有一頭亮麗的秀髮，可以用一款具有光亮作用的定型液。它可以提供一層精緻的薄霧，不會留下厚而油膩的精華液。

造型工具

● 不要忽略梳子 ● 圓筒式梳子的作用 ● 平板梳 ● 濃密的頭髮用寬梳子 ● 不要留著壞梳子 ● 大小圓筒式梳子 ● 買最好的梳子

1. 不要忽略梳子

就像頭髮一樣，你的刷子、梳子和造型工具需要經常清洗來維持最佳效果。用洗髮精或者溫和的洗潔精來保持它們的清潔。

2. 圓筒式梳子的作用

圓筒式梳子表面上的小孔可以幫助氣流通過頭髮，使頭髮乾得更快，還能產生豐盈頭髮的作用，對於中長髮來說，粗粗的圓筒梳是最好的選擇。

3. **平板梳** 平板梳的寬平板面，對於梳順中長髮非常有用。如果你想把蓬鬆的頭髮吹直，並且亮麗動人，手持梳子和頭髮成90度角，對著梳子的根部吹頭髮。

4. **濃密的頭髮用寬梳子** 寬梳子的梳頭較開而且寬，對於容易打結的濃密頭髮、波浪型頭髮或者捲髮，這種梳子能夠非常容易地梳頭髮。

5. **不要留著壞梳子** 當你梳子上的刷毛開始損壞、彎曲、磨損或者掉毛，那就應該換了。用舊的刷毛會損害和拉傷頭髮，造成頭髮分叉和斷裂的現象。

6. **大小圓筒式梳子** 小到中號的圓梳或者滾筒式梳子對短髮或者製造小捲髮的效果最佳，而美髮師通常喜歡用大圓筒梳來為中長髮吹風，因為它們可以捲起更多的頭髮，而且不會打結。太小的圓筒梳會勾住細軟的長髮，造成疼痛和頭髮斷裂。

7. **買最好的梳子** 不要買人造刷毛的梳子，它們對頭髮和頭皮都有傷害。選擇木梳或者天然的纖維代替，比如鬃毛刷子。如果你只能負擔得起人造刷的價格，就選圓頭或者球狀的梳子。

body beautiful 美體

★ 體膜
★ 消除脂肪
★ 香水
★ 脫毛
★ 手部和腳部
★ 家庭水療法
★ 性感的腿部
★ 按摩
★ 指甲
★ 專業美容
★ 光滑和緊膚
★ 防曬
★ 人工仿曬古銅色

海塩

體膜

消除脂肪

人工仿曬
古銅色

脫毛

手部和腳部

家庭水療法

性感的腿部

按摩

光滑和緊膚

專業美容

指甲

防曬

體膜

●用泥去皮屑 ●玫瑰有活膚作用 ●不油膩的體膜 ●死海鹽 ●自製體膜 ●促進血液循環 ●海泥的作用 ●先沐浴 ●不要喝咖啡因 ●全面放鬆 ●冷熱浴 ●補充水分 ●溫暖的環境 ●好好休息 ●在浴缸裡做體膜

1. 用泥去皮屑 泥類產品是在家做SPA去除皮屑的極佳選擇，因為它們能溶解掉皮膚裡多餘的液體，有助於調節膚色和緊致皮膚，特別是配合彈性綁帶一起使用，擠壓細胞的效果更佳。泥類產品的吸收作用越好，皮屑就能去除得越多。

2. 玫瑰有活膚作用 把玫瑰水和青檸汁與一點甘油混合在一起，製成玫瑰青檸活膚體膜，洗完澡後和乳液一起塗擦在乾的皮膚上。如果想把這種自製的體膜多保存幾天的話，可以存放在冰箱裡。

3. 不油膩的體膜 用金縷梅和橄欖油自製滋潤、保養肌膚的體膜，它們不會使容易出油的區域變得更加油膩。塗上足夠的量以便好好吸收。

4.死海鹽 死海鹽是一種神奇的恢復肌膚健康和促進血液循環的產品。為了達到最佳效果，躺在浴缸裡溫和地按摩肌膚，讓鹽中的精華被充分吸收。

5.自製體膜 最簡單的製作體膜的方法是在泥類產品裡加入鹽，這樣可以讓它們得到高度吸收。然後加些溫水蘸到繃帶上，把自己裹起來。如果需要的話，你也可以加入諸如玫瑰花瓣、甘菊或者薑粉之類的藥草。

6.促進血液循環 使用體膜的時候，用保鮮膜或者繃帶輕輕地把問題區域包裹起來，這樣可以透過緊致肌膚和幫助排除毒素來促進血液循環。

7.海泥的作用 海泥是最佳的排除肌膚內層毒素及促進血液循環的產品。為了達到最好的效果，用繃帶或者（舊）毛巾把它們擠壓在皮膚上。

8.先沐浴 如果要在家用體膜或者深層滋潤，事先洗一個溫水澡讓毛孔打開，會使排除毒素的治療更有效。同樣，在做SPA前也要洗個澡。

9.不要喝咖啡因 在做肌膚深層滋潤的前後24小時，不要食用咖啡因、油炸食品、糖和碳酸飲料，以上這些成分都會增加毒素的堆積，降低療效。

10.全面放鬆 不要忘了美體後給自己時間來喘口氣，因為這時你會覺得困倦甚至頭暈。聽聽你最喜歡的音樂，讀讀書或者喝一杯保健茶。舒緩放鬆可以增加治療的效果。

11. **冷熱浴** 沐浴溫度可以用來醫療，但可能不會達到你想要的放鬆效果。冷水浴藉由收縮毛細血管來消腫，而熱水浴可以消除肌肉疼痛並排除毒素。

12. **補充水分** 做體膜前後，甚至是過程中，多喝水可以幫助排除毒素，促進淋巴系統的功能。這在排毒過程中是非常重要，因為這段時間體內非常缺水。

13. **溫暖的環境** 選一間溫暖的屋子來做體膜和治療，這樣混合物的濕度可以被長久保持而不會乾得太快。溫暖的環境可以促進血液循環，使更多的血液被帶到肌膚表層，幫助體膜發揮作用。

14. **好好休息** 在做完美體治療或者深層滋潤後的24小時之內不要做運動或其他會讓你出汗的事情，因為汗漬會妨礙正在進行的排毒工作。如果喜歡的話，可以做些較不劇烈的運動，但是小心不要操勞過度。

15. **在浴缸裡做體膜** 為了不讓泥類或其他產品弄髒你的浴室，應該站在浴缸裡塗體膜或者深層滋潤保養品。這樣你可以方便洗去多餘的產品而不會弄得一團糟。

消除脂肪

● 散步消除脂肪 ● 橘子去脂肪 ● 深層纖體按摩儀 ● 去除脂肪 ● 咖啡渣的作用 ● 深層按摩

1. **散步消除脂肪** 散步是消除多餘脂肪最好的方法，可以調整腿部、髖關節和臀部的肌肉，微微加速心跳，達到去除脂肪的作用。每周3～4次至少20分鐘的輕快散步效果最佳。

2.**橘子去脂肪** 吃橘子是很有用的消除脂肪的方法，因為橘子中富含水分，有助於豐盈肌膚。其他富含水分的水果也非常有用，諸如蘋果、柚子以及芒果、鳳梨之類的熱帶水果。

3.**深層纖體按摩儀** 深層纖體按摩儀是美容院裡常見的深層抽取脂肪的儀器，它能夠透過搖動和擠壓脂肪組織來去除皮下堆積的脂肪、毒素和多餘水分。在一些療程之後，你會發現皮膚的整體組織和外觀有所改善。

4.**去除脂肪** 這裡有一個很受歡迎的去除脂肪的三個步驟：首先消滅飲食中的毒素，比如酒精、咖啡因和加

工食品，然後洗淨肌膚後做淋巴排毒按摩，最後用一款好的抗脂肪緊致精華或者美體霜來緊致肌膚。

5.**咖啡渣的作用** 為了去除脂肪，盡可能遠離咖啡，但是不要把咖啡渣扔掉。把濕的渣滓塗在容易堆積脂肪的地方，朝著心臟方向畫圈按摩，因為溫度可以讓釋放出來的咖啡因微囊體滲透進皮膚，加快新陳代謝的速度，燃燒脂肪，消除脂肪團。

6.**深層按摩** 經常用瘦身霜從四肢向心臟方向緩緩地畫圈按摩，按摩和瘦身霜都能發揮同樣的作用。

香水

●灑在空氣中 ●用小瓶子放在包包裡 ●森林香 ●裝在盒子裡 ●注意顏色的變化 ●讓你香氣襲人 ●適用於白天的花香和果香 ●試用不超過四種 ●清水香型 ●根據心情換香水 ●不要噴在絲綢上 ●低溫保質 ●自製配套香水乳液 ●清淡還是濃郁 ●長效持久 ●東方香水 ●在工作地點慎用 ●小心過敏反應 ●詢問朋友的意見 ●把香水直接灑在肌膚上 ●不要一成不變 ●等著聞新的香味

1. **灑在空氣中** 香水噴得太濃會使其他人感到反感，特別是在公共場所或上班的地方。可以把香水灑在空氣中，讓香水飄落留在你的衣服和頭髮上。

2. **用小瓶子放在包包裡** 如果想在包包裡隨身攜帶香水，可以倒一點裝在小瓶子裡，或者選擇一款外出旅行用的香水。如果你經常帶著整瓶香水，把它們暴露在光線下或者接觸高溫，香味可能會過早早流失。

3. **森林香** 基本成分為苔蘚和蕨類基調的檀香香味，經常和茉莉、玫瑰、橘香混合在一起，如果你喜歡溫和的芳香，那它們是最好的選擇。

4. **裝在盒子裡** 把香水瓶裝在盒子裡避免它們受到陽光照射，不然會引起其中成分的化學反應。裝在盒子裡的香水比暴露在光線下的香味要更持久。

5. **注意顏色的變化** 當你的香水開始變色了（特別是顏色開始變深時），或者聞起來不對勁時，就應該丟棄不用，因為這意味著瓶中發生了不可挽回的化學變化，有可能會引起肌膚的不當反應。

6. **讓你香氣襲人** 香精或者香水會改變你給人的感覺。選擇橘香或者香草味可以提升你的氣質。參加性感的晚會，則建議嘗試麝香或者玫瑰花香水。

7. **適用於白天的花香和果香** 傳統上來說，香水的兩大家族花香和果香型比較適合白天使用。花香適合女性使用而且易於搭配，從單調味到包含了玫瑰、曠谷百合、蒼蘭或紫羅蘭的混合花香；而果香清新、甜美，也頗受歡迎。

8. **試用不超過四種** 在商場裡，一次不要試用超過四種香水。雖然借助聞咖啡可以幫助你恢復嗅覺，但你還是不能很好地區分香味。

9. **清水香型** 活氧香水有水的清香，常常用來提升花香、東方香和森林香。如果你喜歡海邊清新的空氣，這種香型非常適合你。

10. **根據心情換香水** 因為多數淡香型香水只能維持4～5小時的香味，你可以配合心情來更換香水。在所有場合都堅持用同樣香水的人畢竟還是少數。

11. **不要噴在絲綢上** 雖然把香水灑在衣服和頭上很好，但是不要把它直接噴在纖維上。許多材質，特別是絲綢，會留下污漬，而且洗不乾淨。

12. **低溫保質** 把香水存放在冰箱可延長保存期，防止成分變質和香味改變。

13. **自製配套香水乳液** 如果你最喜歡的香水沒有一款相配套的肌膚乳液，可在無香的乳液裡加入幾滴香水自製配套的乳液。不過，份量不要加太多，以防變質。

14. **清淡還是濃郁** 根據你將怎樣使用來選擇香水類型。無酒精香水只能持續1～2小時；淡香水中20％的成分會持續全天；濃香水中30％的成分能持續全天；香精中50％的成分持續全天。

15. **長效持久** 把相匹配的產品，如沐浴精、美體乳液和香水配套使用，可以讓你喜歡的芬芳更加有效地散發出來。

16. **東方香水** 芬芳的麝香、森林香和琥珀香組成了這個熱烈誘人香水家族的基本成分。它們濃郁而且持續時間長，特別適合晚上使用。

17. **在工作地點慎用** 如果你喜歡擦香水，在工作地點或公共場合時要考慮其他人。雖然你可能喜愛香味，但是對於別人來說也許會是種危險，因為它能引起哮喘、偏頭痛或其他過敏反應。

18. **小心過敏反應** 香水是引起過敏和皮膚反應的常見原因，而反應又常常不是發生在塗抹香水的部位。如果你覺得是香水引起的，試著停用幾天，看看情況是否有所改善。不要噴著香水暴露在太陽下面，這會引起皮疹。

19. **詢問朋友的意見** 如果你已經很長時間都用同一種香水，很有可能你的鼻子習慣了這種氣味，通常會造成你把香水擦得過多。如果你用同一種香水超過一年以上的時間，讓你的好朋友誠實地告訴你，你的香水有多濃，是聞不到還是太刺鼻。

20. 把香水直接灑在肌膚上 不要只單單在出門前匆匆噴上香水，它需要時間讓你肌膚的體溫和香水裡的油分發生反應。香水需要直接灑在皮膚上來達到持久效果。把它噴在身體低處皮膚的靜脈上，因為那裡的體溫容易升高，香水溫度也會隨之升高。試著像瑪麗蓮‧夢露一樣「穿」著香奈兒五號香水睡覺。

21. 不要一成不變 證據顯示，如果每天擦同一種香水，敏感性的肌膚會對它產生依賴，一旦你停用一段時間又開始使用，會引起肌膚過敏。不要每天都擦同一種香水，這樣可以防止過敏現象。

22. 等著聞新的香味 在試用一款新香水時，等5小時來讓它滲透進肌膚，這樣你可以先聞前調，然後2～4小時後聞到中調（最重要的香調），最後聞到後調。

脫毛

●薑黃根粉 ●加熱內生毛髮 ●泡的時間不宜過長 ●甘菊有鎮靜作用 ●糖分的療效 ●脫毛前先去角質 ●美白 ●不要頻繁去角質 ●先塗爽身粉 ●不要揉搓紅斑 ●止痛藥 ●連根拔除 ●用尖頭還是平頭鑷子 ●平頭鑷子覆蓋範圍大 ●不要在日曬後脫毛 ●潤髮乳及護髮素幫助剃毛 ●專用剃刀 ●先洗個澡 ●不要刺激臉部汗毛 ●腿部脫毛 ●避開經期 ●保持涼爽 ●雷射除毛 ●事先修剪

1. 薑黃根粉 薑黃根粉糊是最好的天然脫毛劑，它甚至可以去除粗硬的體毛。在洗澡前塗上它，等乾了之後，只要簡單地洗去，皮膚就可以看上去自然而光滑了。

2. **加熱內生毛髮** 用熱的紗布壓在比基尼線周圍陰毛區域，每天兩次，每次10分鐘，這樣可以軟化肌膚，幫助脫毛。可以用尖頭鑷子輕輕地去除比基尼線附近、腋下和腿上向內生長的體毛。

3. **泡的時間不宜過長** 在剃毛前，泡澡的時間不要過長或者把水的溫度調得過高，因為這樣會造成皮膚起皺和微腫，使得脫毛難以徹底乾淨。

4. **甘菊有鎮靜作用** 許多SPA都採用甘菊蠟，在一般的蠟裡注入有鎮靜作用的甘菊，它可以在去毛後平緩疼痛感和消除紅腫現象。如果你是敏感性的皮膚，這對你來說是個福音。

5. **糖分的療效** 糖分常常比蠟的作用更好，因為蠟會黏在腿上，而糖可以溶解於水中，也就是說洗去後不會有剩餘物遺留下來。糖和傳統的蠟去毛的作用相同，而且因為糖溶解於水，沒有必要再去洗多餘的殘留物。

6. **脫毛前先去角質** 為了防止脫毛後留下內生毛髮，先去除死皮。透過給需要脫毛的地方去角質，可以先去除內生毛髮，因為肌膚被軟化後，能減少內生毛髮的生長。

7. **美白** 如果你的前額或者耳朵鬢角長有汗毛，用剛剛切好的檸檬片在汗毛上揉搓，等5～10分鐘後洗去，它有天然美白作用，這些部位看上去就不會太顯眼了。

8. **不要頻繁去角質** 如果你有內生毛髮，不要太頻繁地去角質，這會引發其他皮膚問題，造成疼痛、感染或者更加嚴重的傷害。等皮膚恢復了再去角質。

9. **先塗爽身粉** 自己在家脫毛時，先把爽身粉塗在要去毛的部位，這樣能使效果更佳。

10. **不要揉搓紅斑** 如果你因為內生毛髮或者去除比基尼線周圍的體毛時疼痛而留下了紅斑，要穿比較寬鬆的衣物，避免摩擦，直到腫塊消除。

11. **止痛藥** 如果覺得脫毛和拔毛太疼痛且不能忍受，可以提前15分鐘服用消炎鎮痛藥，這樣有助於減少疼痛感。

12. **連根拔除** 在用蠟或者糖代用品脫毛或拔毛的時候，一定要順著毛髮生長的方向連根拔出體毛。不要讓毛根留在皮膚裡，這樣會引起再生粗毛和內生毛髮。

13. **用尖頭還是平頭鑷子** 如果你要拔除諸如眉毛、下頜或上眼瞼之類部位的毛髮，就選用平頭鑷子。沿著毛髮生長方向傾斜地拔毛可以讓你更容易拔出毛髮，也可以減少疼痛和紅腫。尖頭鑷子適合用來拔非常短的毛髮。

14. **平頭鑷子覆蓋範圍大** 針對腿上或者手臂上大片區域的脫毛，不用蠟的時候，可以用平頭鑷子，它可以一次拔出多根毛髮，讓除毛更加有效和迅速。記住一定要沿著生長的方向拔毛，這樣才能確保它們朝同一方向生長。

15. **不要在日曬後脫毛** 雷射換膚和日曬是脫毛的兩大天敵。這兩個過程都會暴露更易過敏的肌膚層，引起紅腫和皮膚內層發燙。在這兩種狀況下的一周內都不可以進行脫毛。

16. **潤髮乳及護髮素幫助剃毛** 如果刮鬍泡沫劑用完了，在剃除腿上的體毛時可以用潤髮乳或護髮素代替，因為它們光滑綿密，有助於平滑地去毛而不傷到肌膚。

17. **專用剃刀** 千萬不要用別人的剃刀或者把自己的借給別人。這會大大提高感染的機率，因為它離肌膚表層很近，有割傷和劃傷的危險。

18.**先洗個澡** 事先快速洗一個溫水澡，可以大量補充水分，軟化毛髮。而毛髮在濕的時候最柔軟，最容易剃除。在剃毛前，用專用的剃鬍泡沫或者慕絲濕潤體毛和皮膚，在肌膚緊繃的時候拔毛可以讓肌膚在去毛後很光滑。

19.**不要刺激臉部汗毛** 臉部汗毛受到刺激會生長得更快。不妨用像玫瑰水這樣溫和的爽膚水和輕爽的滋潤液，它們不會滋養髮根和加速汗毛的生長。

20.**脛部脫毛** 脛部（小腿前側）上的皮膚特別薄，如果稍不注意，容易乾燥、起皺、脫落，所以在替小腿前側脫毛的時候，要特別小心。每天早上為這裡塗上大量的乳液，一年以後，你的腿部會變得很光滑柔嫩。

21.**避開經期** 在經期的前幾天，體內荷爾蒙分泌失調，此時去毛時的疼痛感會比平日更強烈，所以在脫毛前要查一下日子。

22.**保持涼爽** 在脫毛後的24小時內要避免洗三溫暖、熱水浴、運動和日曬。這些活動都會使你的體溫上升，讓你出更多的汗，引起脫毛部位的不適。

23.**雷射除毛** 雷射除毛是新的永久性脫毛技術裡最有效的方法，特別是針對汗毛顏色和膚色差異極大的情況，比如毛髮較黑而皮膚卻很白的人。

24.**事先修剪** 在脫毛前用指甲鉗修剪毛髮可以讓脫毛工作更加簡便，防止毛髮絞在一起，並且能減少疼痛。在脫毛時順著同一方向可以避免不平滑的視覺效果。

手部和腳部

●去除菸斑 ●手部防曬 ●認真地揉搓 ●戴橡皮手套 ●用溫水浸手 ●睡眠時保養手部皮膚 ●腕部運動 ●手背的測試功能 ●用力擠壓 ●把護手霜放在順手處 ●避免熱水 ●保持手部肌膚年輕 ●鹽水緩解僵硬的皮膚 ●做一個光腳美人 ●用茶樹油治療足癬 ●橘油的作用 ●用芒果舒緩 ●靈活腳趾 ●穿上襪子 ●不要借別人的鞋子穿 ●薄荷的提神效果 ●磨腳石去除死皮 ●穿合腳的鞋 ●經常換鞋穿 ●不要用刀刮

1. **去除菸斑** 用半塊剛切好的檸檬片來擦拭夾香菸的手指和指甲，能夠自然漂白皮膚而不使它乾燥。用檸檬片來擦拭手背還可以淡化老年斑。

2. **手部防曬** 夏天在手上塗一層防曬霜或者帶有SPF指數的護手霜來保護肌膚，防止乾燥、產生皺紋和過早老化。

3. **認真地揉搓** 將混合好的杏仁油和鹽塗在手掌裡，然後把它們揉搓在另一隻手的手背和指關節上，會讓你的雙手如絲般柔滑。

4. **戴橡皮手套** 在洗碗或做其他零碎的家務事時，要戴上橡皮手套防止皮膚問題。盡量不要讓手暴露在刺激性的化學試劑中，特別是洗東西的時候。

5. **用溫水浸手** 在擦乾和塗抹護手霜前，把雙手浸入溫水中5分鐘，可以讓手部皮膚變得光滑沒有皺紋。水會滲透進肌膚，滋潤霜可形成一層保護膜，鎖住水分，同時減輕疼痛感。

6. 睡眠時保養手部皮膚

整晚做手部保養可以滋潤和緊致肌膚。睡前塗上一層厚厚的護手霜，然後整個晚上都戴著一副棉質，這樣效果最佳。

7. 腕部運動

想要放鬆疲勞的手部並促進血液循環，可以把你的雙手掌心相對，放在胸前，放鬆腕關節，然後前後甩動。在血液流向手腕時會有麻麻的感覺。

8. 手背的測試功能

手背上的肌膚是測試是否缺水的最好區域。掐它一下，然後看看需要多久才能恢復平滑，如果不能馬上恢復，說明你需要去喝水補充水分了。

9. 用力擠壓

如果你手指根部乾燥、長肉刺、指甲很薄或凸起，盡可能用力擠壓每根手指的指尖5分鐘，促進血液循環，讓指甲部位也能血液流通。

10. 把護手霜放在順手處

像所有的美容撰稿人說的那樣，把護手霜放在水龍頭周圍，每當洗過手都可以很方便地再次塗抹護手霜。

11. 避免熱水

經常使用肥皂會破壞表層肌膚，造成龜裂。應避免使用肥皂和烘手機，選用溫水，而不要用熱水。

12. 保持手部肌膚年輕

保養好你的雙手，不要讓它們透露出你的年齡。手部皮膚經常會被忽略，但往往它是你年齡的真正告密人。用有效的護手霜早晚塗抹手部，保持手部肌膚看上去年輕嬌嫩。

13. 鹽水緩解僵硬的皮膚

如果你的手部肌膚僵硬並伴有疼痛感，可以把它們浸泡在鹽水中15～20分鐘，然後用清水洗淨。這樣有助於消除腫痛並活血。

14. 做一個光腳美人 讓你的腳自由呼吸可以避免很多諸如腳氣那樣看不見的問題。盡可能穿天然透氣纖維製的襪子，試著每天最少光腳1小時。

15. 用茶樹油治療足癬 茶樹油中的天然收縮劑和抗菌成分，可以保持肌膚乾燥和阻礙真菌的傳染，幫助阻止足癬的傳播。

16. 橘油的作用 用橘油來按摩腳部，可以幫助排除肌膚中的毒素和雜質，促進細胞的再生。把橘油塗在腳掌上，然後用畫圈的方法一直塗到腳跟兩側。

17. 用芒果舒緩 用芒果汁來舒緩熱的、發燙或者腫痛的腳，它可以活膚並減少腳部的疼痛和不適感。在洗溫水浴前，把腳浸泡在芒果汁中幾分鐘，或者用棉花塗上去。

18. 靈活腳趾 只要有機會的話，就盡量用腳尖站立或行走，可以靈活雙腳和腳趾。還可以用腳趾夾鉛筆和彈珠來訓練。

19. 穿上襪子 在睡前，給腳部去角質並用滋潤霜或油來揉搓，然後穿上襪子，讓滋潤液維持一整晚。當你醒來時，雙腳會像嬰兒般嬌嫩。

20. 不要借別人的鞋子穿 別人的鞋子，特別是別人穿習慣了的鞋，因為已經根據別人的腳成形了，所以如果借來穿的話，會使你的腳受到擠壓，引發各種問題。

21. 薄荷的提神效果 將含有薄荷油和桉樹油精華的產品塗抹在腳部疲勞的肌膚或者小腿上，可以產生活膚的作用，且經證明具有提神效果。或者選擇一款無香味的產品，自己加入上述成分。

22. 磨腳石去除死皮 要去除腳上粗糙的皮膚，在泡完腳後，用磨腳石至少摩擦10分鐘來軟化問題區域，例如腳掌和腳跟。天然的礦石不僅能去除死皮，還能加速該區域的血液循環，促進細胞再生。

23. 穿合腳的鞋 穿太小的鞋會使腳部受到擠壓，造成長期的問題，例如由於受到擠壓造成的雞眼和老繭，以及為了抵抗來自鞋子的壓力而導致的乾燥。試鞋和買鞋要在下午，這時候，我們人的腳型最大；記住，坐飛機和懷孕都會讓你的腳腫大。

24. 經常換鞋穿 不要連著幾天都穿同一雙鞋，因為你的腳會開始適應它們，然後在承受壓力的區域產生問題。有規律地經常換穿平底鞋、高跟鞋、圓頭鞋和尖頭鞋。

25. 不要用刀刮 不要用刀片去除厚硬的繭，這樣只會導致肌膚生成更厚的皮膚來代替原來的，和原本想去除它們的想法背道而馳。通常，治療師會用強效的去角質磨砂膏或者溶液來幫助去除厚皮。

家庭水療法

●蒸汽室 ●用蠟滋潤 ●減緩壓力 ●薄荷香有提神作用 ●完美無瑕的海綿 ●杜松精華油振作精神 ●溫水而不是熱水 ●沐浴鹽 ●冷凍療法 ●愉悅的香芬 ●甘油保濕 ●學習埃及豔后 ●植物沐浴 ●幻想 ●泡泡浴

1. 蒸汽室 把浴室裡的門窗都關閉，再打開淋浴噴頭，可以創造出一間屬於你自己的蒸汽室。你的肌膚將逐漸變暖，此時最適合做進一步的保養，例如磨腳、足部保養、修剪指甲，以及做體膜或護髮。

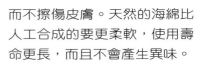

2.**用蠟滋潤** 把固體石蠟放入微波爐裡融化可以自製家庭沐浴用的足療蠟。好好地滋潤腳部並把腳伸入蠟中3次，之後等雙腳徹底乾透。蠟應該是溫熱而不是燙人的，待20分鐘後洗去。

3.**減緩壓力** 把幾滴薰衣草或者甘菊精油加入溫水中，然後把毛巾放入其中浸泡5分鐘，再用它按壓臉部和頸部，做深呼吸，這樣重複3次，可以進行快速減壓按摩。

4.**廣藿香有提神作用** 沐浴時讓熱氣充滿浴室，可以在熱水裡加入幾滴精華油。選擇廣藿香油（patchouli）來提神，或者用橙花油和依蘭油來平衡鎮靜心靈。

5.**完美無瑕的海綿** 為了達到最佳的而且不損害臉部的清潔效果，選用一塊小的天然海綿，柔和地畫著小圈來清洗臉部和頸部肌膚，這樣可以保證徹底洗淨

而不擦傷皮膚。天然的海綿比人工合成的要更柔軟，使用壽命更長，而且不會產生異味。

6.**杜松精華油振作精神** 如果你想在家中體驗水療來促進血液循環，放鬆疲勞的身心，在浴盆裡加入羅勒和杜松（juniper）精華油。經證明它們有提神功效，可以讓你在一天之始或者參加重要會議前有個好精神。

7.**溫水而不是熱水** 想要洗一個放鬆的澡，怡人的溫水要比熱水好，因為熱水會刺激你的循環系統，引起肌膚鬆弛和脫水。在洗澡前一定要測試水溫。

8.**沐浴鹽** 家庭沐浴鹽（海鹽）療法和在美容院裡做的一樣有效，把海鹽和12滴諸如柚子、檸檬或者麝香的精華油混合在一起，加入足量的水調成膏狀。這樣可以方便畫圈塗抹，特別要塗在臀部和大腿上。

海鹽

9. **冷凍療法** 把美容院裡的秘訣（為了有益健康的目的使用冷凍療法）帶回家中。在做完面部皮膚緊致療程後，把一個冰塊放入小塑膠袋裡，然後在臉部和眼睛等部位溫和地揉搓幾分鐘，可以產生豐盈肌膚和均衡膚色的作用。

10. **愉悅的香芬** 塗抹精油可以增加家庭水療的全面功效。根據自己的心情，選用可以減緩壓力的薰衣草精油或者提神的迷迭香精油，同時放一張有大自然音樂CD，關掉所有的電話，在個人的世界裡沉浸幾個小時。

11. **甘油保濕** 在家裡治療乾燥的肌膚，可把甘油和檸檬汁混合在一起當做滋潤液或面膜來平撫細紋，豐盈乾燥的區域。

12. **學習埃及艷后** 埃及艷后因光滑的肌膚和牛奶浴而享有盛名。依循她的美麗秘方，把3小杯奶粉或者新鮮的牛奶加入溫水中沐浴。牛奶中的乳酸可以軟化肌膚，溫和地去除角質。

13. **植物沐浴** 把自家花園裡的植物，例如玫瑰花、薰衣草和迷迭香放進茶葉過濾器裡，掛在浴缸裡開著的水龍頭下，用你的植物花園讓自己享受一個健康的沐浴。

14. **幻想** 躺在浴盆裡，隨著水流幻想你正身處異國。經證明，這樣的想像可以釋放血流中產生好心情的化學物質，能幫助你放鬆自己。

15. **泡泡浴** 許多泡泡浴和泡沫會使肌膚變得非常乾燥，所以如果你打算長時間浸泡，先確定配方中是否含有柔膚油的成分，或者把杏仁油加入已經準備好的溶液中，可以得到加強的滋潤效果。

性感的腿部

- 柑橘治療靜脈曲張 ●在晚會上光彩照人
- 光滑的雙腿 ●古銅色的作用 ●把腳抬高
- 畫圈按摩 ●促進血液循環 ●用冷水沖腿
- 不要蹺二郎腿 ●走樓梯

1. **柑橘治療靜脈曲張** 在飲食中增加柑橘、葡萄、櫻桃和杏仁可以減少靜脈曲張的現象。如果經常保持這樣的飲食，可幫助改善血管硬化。

2. **在晚會上光彩照人** 不要不敢化濃妝或穿袒胸露臂的衣服。夜間在你的手臂和腿上塗些亮粉可以顯得非常性感。在滋潤液裡加入一點金色亮光，均勻地塗在小腿、肩膀和鎖骨上，以突顯它們的輪廓並使你光彩照人。

3. **光滑的雙腿** 脫毛能夠快速地突顯你的腿部。光滑的腿部看上去比有體毛的腿部更加有型，因為體毛會掩蓋腿部線條，使其顯得粗壯，尤其是從遠處看時。定期地使用脫毛夾、脫毛蠟、剃刀或者脫毛膏進行脫毛，之後使用滋潤液。

4. **古銅色的作用** 要快速讓你的腿部看起來健康紅潤有光澤，可以用體刷把死皮刷去，然後塗上帶有一點古銅色的滋潤液，或者先用一般的滋潤液，再塗上古銅色的蜜粉或凝膠，5分鐘之內就能讓你看上去健康亮麗。

5. **把腳抬高** 為了改善你小腿的肌膚和膚色，試著每天至少有10分鐘讓你的腳放得比頭高，促進血液循環。躺在地上把腿擱在椅子上，或平躺在沙發上，看電視的時候把腳抬高放在扶手上，或者把腳擱在幾個枕頭上小睡一會兒。

6. **畫圈按摩** 塗滋潤液或者體霜時，一定要從腳踝開始向上畫圈，這樣可以促進腿部血液的循環，方便淋巴管排除毒素及循環，如此一來，肌膚才能更健康。

7. **促進血液循環** 有時候，看上去讓人覺得腿粗並非真的很胖，只是因為不良的血液循環而看上去粗。每天把腿和腳放到高過臀部的位置半個小時，幫助血液流動。如果你有靜脈曲張的困擾，這樣做有助於舒緩血管的緊張感。

8. **用冷水沖腿** 在洗澡最後用冷水沖小腿，這不僅能刺激肌膚提神，而且還能幫助收縮這一區域的血管，使全身肌膚變得更棒。

9. **不要蹺二郎腿** 為了消除足踝、腳和腳趾部位的腫痛，也為了防止靜脈曲張的現象，坐著的時候不要蹺二郎腿，因為這樣會堵塞血液和淋巴血管，造成血塊的堆積。

10. **走樓梯** 上下樓梯是最好的美化小腿的方法。一個月內不要讓自己搭乘電梯或者自動手扶梯，你會發現小腿有明顯的變化。

上下樓梯可以美化腿部曲線喔！

按摩

- 按摩工具 ● 網球專家 ● 按摩手部 ● 按摩消除細紋
- 按摩乳房 ● 充分利用精油 ● 坐姿最益於臉部按摩
- 按摩後沐浴 ● 按摩背部 ● 按摩眼瞼部位 ● 臉部按摩 ● 按摩鼻竇區域 ● 明亮你的眼睛 ● 臉頰的按摩

1. **按摩工具** 沐浴時想要進一步放鬆，可以用木質或者塑膠材質的按摩工具，比如按摩球或按摩棒。藉由溫水的輔助作用，讓按摩變得更加有效，特別是你想放鬆緊繃的肌肉的時候。

2. **網球專家** 與其把錢花在昂貴的美容院按摩上，不如自己仰臥在幾顆舊的網球上來放鬆背部。把網球放在臀部上方或者背的下部，腿稍彎曲，膝關節朝上，腳掌平放在地板上。然後滾動那些球來釋放背部的緊張感。

3. **按摩手部** 在塗抹護手霜時把它們以畫小圈的方式揉搓在指關節和腕關節上，可以微微地促進血液循環。不要忘了用你的大拇指來按摩手背。

4. **按摩消除細紋** 輕柔地捏前額上的肌肉，可以放鬆並減少由焦慮引起的細紋。把手握成拳狀，然後用大拇指和食指來捎前額，可以產生溫和的促進血液循環的作用。

5. **按摩乳房** 乳房上的細嫩皮膚很容易鬆弛下垂和堆積毒素。用杏仁油輕柔地從下緣往腋下方向畫圈按摩，可以解決以上問題。

6. **充分利用精油** 在按摩時用精油可以防止牽拉皮膚，造成下垂和拉傷。最好先用手取少量精油，以確保你不會過量使用。

7. **坐姿最益於臉部按摩** 按摩臉部時，坐直或者靠著坐比站著或平躺著好。這樣能幫助你平緩而且深深地呼吸，可以放鬆肌肉。

8. **按摩後沐浴** 做完按摩之後，泡10分鐘熱水澡放鬆一下。這時塗抹香精油效果特別好，因為在剛剛放鬆和促進血液循環後，精油更能有效地發揮它的作用。

9. **按摩背部** 用你的右手有節奏地輕輕按摩左肩，從左肩膀一直到耳後，然後以畫圈的方式盡可能地按摩到背後，用左手重複剛才的動作。最後，用兩手的手指按摩你頸後脊椎骨。

10. **按摩眼瞼部位** 上眼瞼鬆弛的肌肉會造成眼睛下垂。輕輕地按摩眼瞼和眉毛周圍區域，還有太陽穴，每天只要花幾分鐘，就可以改善肌肉鬆弛狀況，促進血液循環。

11. **臉部按摩** 按摩下巴可以促進臉部的血液循環。從下巴開始，把大拇指放在下面，其他手指放在上面按摩，這樣持續10分鐘。沿著頜骨下方按摩，直到耳垂，在這個區域按摩4~5下。

12. **按摩鼻竇區域** 按摩臉部的鼻竇區域可以幫助消除因皺眉頭而造成的皺紋和面部僵硬。用大拇指或者食指靠近手掌的部分來按壓鼻梁的兩側幾秒鐘。然後慢慢移到鼻孔兩側，按壓鼻子兩側的軟骨部位。

13. **明亮你的眼睛** 眼部的提神按摩可以減緩由於瞇眼而引起的血液堵塞和皺紋。用手指按摩眼窩部位，從鼻部開始來回按摩你的外眼眶至少3次。

14. **臉頰的按摩** 快速促進血液循環的按摩可以消除臉頰的緊繃感。用雙手的兩根手指頭輕輕地在顴骨下按摩，從臉的中部到耳朵兩側，然後回到中部。

指甲

●加速指甲的生長 ●完美的十指 ●隨身攜帶 ●用溫和不刺激的產品 ●防止肉刺 ●給指甲補充蛋白質 ●用指甲銼刀 ●底色、彩色和透明色 ●沖洗指尖 ●解決指甲斷裂問題 ●不要啃指甲 ●保護脆弱的指甲 ●保護指甲表皮 ●磨去指甲表面凹凸不平處 ●檢查血液中的鐵含量 ●讓腳趾閃閃發光 ●修剪而不磨損 ●指甲油底色 ●用檸檬來增亮 ●假指甲 ●滋潤乾燥的指甲 ●低溫冷藏 ●讓指甲呼吸 ●剪掉肉刺 ●優雅的指尖 ●美白指尖 ●剪成方形 ●塗指甲油的方法 ●鋅能去除斑點 ●選擇不含丙酮的去光水 ●不要修剪角質層 ●平滑指甲 ●用薄的指甲油 ●讓指甲油留更久

1. 加速指甲的生長 每天用護甲油在指甲根部按摩幾次，這樣可以促進並滋養甲床，加速新指甲生長。把手指朝掌心彎曲，用手指摩擦掌心1分鐘，可以給指甲補充氧氣和血液，減少指甲問題。

2. 完美的十指 不要以為九個漂亮的指甲能掩蓋有指甲油掉色的那個指甲。如果問題很小，可以迅速用一層指甲油來覆蓋，如果問題很大，就要重新塗指甲油了。

3. 隨身攜帶 隨身攜帶指甲油，當指甲掉色後你可以馬上補色。這聽起來有點保養過頭的話，就使用透明的淺色，即使掉色也不容易被察覺。

4. 用溫和不刺激的產品 過量使用含有甲醛的硬甲油會導致很多指甲問題，如指甲剝落、斷裂或整體損壞，這時指甲蓋會從甲床脫離。如果你懷疑這是你指甲問題的起因，簡化你的護甲美甲產品，並選用一款無香精的指甲霜。

5. **防止肉刺** 如果指甲經常浸入水中的話，外表層會從表皮脫離，造成指甲疼痛斷裂或者長肉刺。用乾淨的剪刀修剪指甲，或者經常塗滋潤護手霜來軟化皮膚，防止問題的發生。

6. **給指甲補充蛋白質** 指甲容易裂開或者斷裂會成為一個永久的隱患。飲食中缺少蛋白質易造成指甲脆弱。多吃肉類、魚類、水果和蔬菜來攝入足夠的營養，並塗上指甲霜來保濕。

7. **用指甲銼刀** 在家裡修剪指甲時，先用銼刀修指甲，再塗上指甲保養油，然後擦洗掉舊的指甲油。指甲保養油能保護指甲，如果你先用洗甲水，會軟化指甲使它變得更加脆弱。

8. **底色、彩色和透明色** 塗指甲時要遵循三個步驟：先塗一層底色來保持顏色均勻，然後塗兩層彩色指甲油，最後塗一層透明指甲油來提升指甲亮度並且防止掉色。

9. **沖洗指尖** 為了使指甲油快乾，在水龍頭下用冷水沖洗10分鐘，可以幫助指甲立刻形成一層堅硬的、不易掉色的保護膜。

10. **解決指甲斷裂問題** 容易斷裂的指甲可能是由於暴曬在太陽底下、營養不良或者長時間使用商業硬甲油引起的。不要使用含有甲醇的硬甲油或者指甲油，它們會讓指甲變得乾燥。

11. **不要啃指甲** 每周或者隔周去一次美甲店，可以幫助你改掉咬指甲的習慣。如果你的指甲修剪得很好或者塗得很漂亮，你就不太可能咬它們了；而且如果你的雙手看上去很完美，你就不怎麼會想掩蓋它們（因為多數啃指甲的人都有掩蓋指甲的傾向）。

12.**保護脆弱的指甲** 針對脆弱或者易斷裂的指甲，堅持在一周內每天都塗指甲強化護理液，然後洗去，讓指甲休息幾天，再重複一周。如果可能的話，把指甲修剪成方形而不是橢圓形，這樣可以避免指甲邊脆弱，不會引起斷裂。

13.**保護指甲表皮** 每天至少用亮甲油或者滋潤霜按摩指甲的根部一次，以防止乾燥、劃傷和肉刺。如果表皮被損壞或者感到疼痛，每天輕輕地塗兩次滋潤液直到癒合為止。

14.**磨去指甲表面凹凸不平處** 指甲表面的凹凸不平現象大多數是先天遺傳的，雖然你不能改變它，但是可以用指甲增亮銼或者指甲拋光蠟來磨光指甲表面。

15.**檢查血液中的鐵含量** 如果你新近發現指甲表面有凹凸不平的現象，以前從來沒有過，這有可能是貧血的症狀，你應該請教醫生。另一種原因可能是修剪過度的結果，這種情況就不用多擔心了。

16.**讓腳趾閃閃發光** 夏天把淡色或者薄薄的指甲油塗在腳趾上是一種浪費，穿著露腳趾的涼鞋需要搭配亮麗的顏色，比如艷麗的粉紅、閃亮的或者金屬色調。

17.**修剪而不磨損** 修剪指甲的時候，順著一個方向由外向內剪，而不要來回鋸，因為太多的摩擦會造成指甲斷裂。緩緩地調整銼刀的角度，這樣你就可以磨到指甲根部，而不只是頂部。

18.**指甲油底色** 如果你的指甲發黃，可能是因為你在塗一般指甲油前沒有使用底色。去不掉的黃斑或者黃條紋可能是由於真菌感染引起的，需要去治療。

19. **用檸檬來增亮** 對於顏色不均勻的指甲，可以用含有溫和磨光劑的亮白洗甲水或者用含有檸檬水的洗甲水來去除顏色。不妨請修甲師或者藥劑師推薦產品。

20. **假指甲** 用假指甲代替是停止啃咬指甲的好辦法。你的牙齒不會喜歡丙烯酸指甲纖維的味道，這能幫助你改掉壞習慣。此外，你的指甲會變得更漂亮。

21. **滋潤乾燥的指甲** 為了防止指甲乾燥，用一款防水的指甲油來鎖住指甲中的水分，並且防水和隔離污垢。整晚用蠟製護唇膏或者指甲保養油來滋潤，效果也會特別好。

22. **低溫冷藏** 把指甲油存入冰箱會使它更加新鮮而且保存得更久，有助於防止由於高溫和光線而造成的分層和結塊。

23. **讓指甲呼吸** 一個月裡至少留幾天不塗指甲油，讓它們呼吸。這會減少指甲泛黃或者由於塗指甲油引起的斑點，給指甲機會恢復健康並煥發光彩。

24. **剪掉肉刺** 挖指甲、啃指甲、讓它們接觸洗滌劑和化學物質、缺少指甲保養等都是形成肉刺的原因。用一把尖頭的剪刀緊沿著肌膚去除肉刺。

25. **優雅的指尖** 假如你的指甲蓋很短，塗指甲油時在指甲兩邊留出一條窄邊，這樣有拉長指甲的效果，立刻讓你的指甲看上去比較修長。

26. **美白指尖** 如果你沒有時間塗指甲油，用白色指甲筆塗抹指尖內側，這樣會讓沒有塗過指甲油的指甲看上去閃耀自然光澤。

27. **剪成方形** 把腳趾甲修剪或銼成和指甲根部一樣的方形，這樣能夠防止它們長到周圍的肉裡，不然會又痛又難看。

28.塗指甲油的方法 從指甲表皮上方開始塗指甲油，有助於讓它們看上去又長又飽滿。不要塗到皮膚上，這會讓皮膚看上去變短。如果不小心塗出去了，用棉球來擦去多餘的指甲油。

29.鋅能去除斑點 指甲上的白斑是因為受傷而引起的，有些時候，也是因為缺乏鋅。在你的膳食中補充雞蛋、貝殼類食品、鷹嘴豆和小扁豆，它們都是膳食中含鋅的好來源。

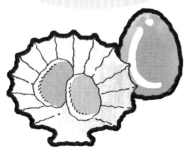

30.選擇不含丙酮的去光水 為了去除指甲油，選擇一款不含丙酮的去光水，它可以去除色彩而不會使指甲表面乾燥或損害它們。含丙酮的去光水會擦去指甲表面的天然油層，讓它們看上去又乾又不健康。

31.不要修剪角質層 不要修剪指甲邊的角質層，這樣會讓它們變得很硬而且留下傷疤。浸泡雙手，用絨布或者浴巾擦乾，然後塗上護甲油或者滋潤液來保持雙手柔軟。

32.平滑指甲 為了防止指甲表面的凹凸不平現象，在塗光亮劑或者指甲油前先塗上一層指甲保護油，它可以提供保護層並防止色素沉澱。

33.用薄的指甲油 指甲邊緣的指甲油脫落是因為指甲油塗得太厚了。試著用多層薄薄的指甲油來代替一兩層厚厚的指甲油。

34.讓指甲油留更久 指尖的指甲油最先掉色。為了讓你指甲的修剪效果長久持續，從指甲的邊緣到指尖裡面都塗上指甲油，多塗的指甲油會防止掉色。

專業美容院

● 雷射治療紅血絲 ● 死海泥 ● 用肉毒桿菌來消除皺紋 ● 不要擔心雷射治療 ● 小心過敏反應 ● 快速美容 ● 微電流技術的作用 ● 緊致肌膚 ● 填充美容手術 ● 按摩消腫 ● 氧氣的保養作用 ● 寶石的治療作用 ● 光療法 ● 浮浴 ● 小心地選擇透明質酸 ● 硬化療法 ● 脈衝消斑

1. **雷射治療紅血絲** 用雷射光素來加熱血管的療法，可以破壞病變血管裡的積塊，讓管壁黏合在一起。這樣紅血絲會逐漸被身體吸收並且消失。

2. **死海泥** 你可以把這些產品買回來在家裡用，但是在美容院裡它們的成分會得到更有效的發揮。這種療法採用富含礦物的死海泥來排毒，並使肌膚獲得新生。

3. **用肉毒桿菌來消除皺紋** 可以利用午休時間來注射肉毒桿菌，如果由專家和幾個助手來操作，會非常安全。肉毒桿菌被注射入前額和魚尾紋

上來麻醉肌肉，效果至少可以持續3個月。

4. **不要擔心雷射治療** 雷射目前在美容醫學裡被用來重塑臉部肌膚，平滑、提亮皮膚，去除色素沉澱、老年斑和粉刺留下的疤痕。因為雷射能夠治療壞損的肌膚，所以你應該找專業人士來實施雷射治療。

5. **小心過敏反應** 如果你對貝類食品過敏，在做任何治療前都要告訴你的美容師。許多臉部產品和體膜都含有貝類成分和海洋物質，這會引起過敏反應，比如發紅或者腫痛。別

忘了要一直提醒美容師，你所有的過敏反應、敏感部位和用藥情況，這是美容的基本常識。

6.**快速美容**　如果你時間有限，需要為一個特殊場合來個迅速美容，可以預定快速服務。許多美容院都會提供修剪、染色和全身診療服務，例如修剪指甲、按摩和修眉。

7.**微電流技術的作用**　微電流機器通過把電流點在臉部皮膚上來緊致面部肌膚和均勻膚色。它能促進鬆垂的肌肉和皮膚組織的活力，幾次治療後就可見效。微電流治療技術不僅用於面部肌膚，還可以針對胸部鬆垂的皮膚，運用非手術治療來緊致和豐盈乳房。

8.**緊致肌膚**　電波拉皮機透過加熱皮下組織、收縮膠原蛋白來產生緊致皮膚和消除皺紋的作用。

9.**填充美容手術**　在治療痤瘡留下的疤痕、細紋和皺紋方面，填充美容手術非常受到歡迎，因為在許多區域施打肉毒桿菌療法是無計可施的，例如消除笑紋和豐盈薄嘴唇。要選用生物所能分解的透明質酸填充物而不要用永久性的填充物，前者產生難看的腫塊的機率比較小。

10.**按摩消腫**　專業身體和臉部淋巴排毒按摩術（MLD）是立即讓你擺脫腫痛和皮膚問題的好辦法。它可以促進血液循環、排除毒素和減少血塊堆積，也被用來緩解脂肪堆積和消除疤痕。

11.**氧氣的保養作用**　透過金屬試管把罐內的氧氣注入臉部是模特兒們所鍾愛的神奇美容治療法。這樣能給人真正的（但是短暫的）容光煥發感，讓肌膚有重生的感覺。為了增強效果，可以試用含氧面霜。

12. **寶石的治療作用** 光電寶石療法用寶石裡的射線穿過肌膚，對一些皮膚會有好處。對於有濕疹的人來說，綠寶石和藍寶石能解決問題皮膚。

13. **光療法** 美容院裡的新式治療法包括用黃光線來減少皮膚中的細菌，一次治療後就能去除多達一半的粉刺。它被稱之為光療法，是解決問題皮膚的一大秘訣。

14. **浮浴** 如果你的浴缸太小不能進行浮浴，一定要去美容院裡體驗。浮浴讓你身處黑暗中，在一個特殊的池子裡漂浮，對於均勻膚色和放鬆有很好的效果。這種治療方法可幫你在平靜和諧的環境裡舒緩身心。

15. **小心地選擇透明質酸** 皮下注射包括注入少量的填充物來撫平臉部細紋和皺紋。膠原蛋白用來自公雞雞冠裡的透明質酸為主要成分，但是它會造成過敏反應。玻尿酸等注射劑中則使用非動物來源的透明質酸。

16. **硬化療法** 硬化療法運用極細的針來注射特殊的溶液到靜脈裡，以治療腿部的靜脈曲張。病變靜脈血管的管壁會黏在一起最後萎縮消失。病變靜脈血管越細就越好處理。這種方法也可以消除疼痛、發熱、發腫和抽筋的症狀。

17. **脈衝消斑** 脈衝光技術是雷射的替代法。用這種治療方法，把強光直接脈衝到皮膚上，將老年斑和曬斑等色斑中的黑色素吸收，去除斑點。這種技術也用在脫毛後的亮白作用上。

光滑和緊膚

●平衡乳房 ●綠茶有減肥作用 ●刷遍全身 ●溫度不要太高 ●站直 ●用凝膠緊致肌膚 ●胸部爽膚水 ●按摩手臂 ●杏仁油適合所有的膚質 ●柚子的美膚作用 ●乳液的光滑作用 ●消除浮腫 ●滋潤的時候按摩

1. **平衡乳房** 如果你乳房的大小不一樣，不用擔心，多數女性都有這個問題。試著穿有襯墊的胸罩，把乳房稍大的那個襯墊抽走，或者進行外部注射。

2. **綠茶有減肥作用** 你知道嗎？綠茶可以透過提高基本新陳代謝的速度，增加卡路里的燃燒，幫助減肥。每天喝兩杯就足夠了。

3. **刷遍全身** 用體刷刷、擦洗和按摩來促進肌膚的血液循環，這樣能均勻膚色，增加細胞的有氧呼吸，讓肌膚全年都保持清新、嫩滑、光彩動人。乾的體刷可以促進血液循環，輔助排毒，防止肌膚發腫，幫助消除瑕疵、粉刺和乾燥，特別是那些手臂和腿上的白色腫塊，它們是皮膚充血的表現。

4. **溫度不要太高** 熱水浴會造成皮膚刺痛和水分流失。在大熱天晚上應該用溫水沖澡。

5. **站直** 只要站得更直，就可以改善你的胸部曲線。改變站姿能自然美化你的胸部輪廓，使得乳房更加挺拔。想像你的脊椎由一根金線牽著，自然就挺胸抬頭了。

6. **用凝膠緊緻肌膚**　頸部和上胸部的細嫩肌膚容易被太陽損傷而加速老化。實際上，在注意到面部之前，你能夠先發現頸部的細紋和裂紋。有凝膠和精華液配方的產品對於這一區域最有效，它不僅能提供防曬和抗老化的滋潤液，而且還能淡化老年斑和緊緻鬆弛的肌膚，雖然效果只是暫時性的。

7. **胸部爽膚水**　專門為緊緻胸部肌膚設計的爽膚水，見效快，但是不能持久，不過從長期來看，其成分對皮膚的健康有益。這些療法有助於加快新陳代謝，促進皮膚的再生，使得皮膚表面細嫩。要避開乳頭輕柔地按摩。

8. **按摩手臂**　規律地按摩有助於防止皮膚粗糙，預防手臂上的疙瘩。用杏仁油或者橄欖油按摩，可以促進血液循環；多按摩手臂外側，那裡容易堆積脂肪造成皮膚不光滑。

9. **杏仁油適合所有的膚質**　盆浴或淋浴後，把富含維生素A的杏仁油塗在身體上，此時肌膚能夠充分吸收。作為滲透力極好的潤膚劑，它對所有的皮膚類型都有效，並且能舒緩瘙癢和疼痛。在乾燥區域多塗一點，如果可能的話，讓潤膚油整晚都留在肌膚上。

10. **柚子的美膚作用**　柚子是讓你變得更健康的美容水果。它是天然的利尿劑，防止身體浮腫和積水，使你看上去苗條。可以選擇它作為健康的開胃菜或者午後小吃。因為柚子的提神清香，很多美膚產品中都含有它。

11. **乳液的光滑作用**　為了讓你的皮膚吸收並鎖住更多的水分，在剛沐浴完或沖完澡後直接把滋潤霜大量地塗抹在還沒乾的皮膚上。含有溫和化學去角質成分的體霜或者乳液，包括乾醇酸和水楊酸，有助於均勻膚色，而纖柔霜和緊膚霜可以改善皮膚組織。

12.**消除浮腫** 多吃有天然利尿成分的膳食。水田芥、水蜜桃、茴香和薄荷茶都可以防止身體浮腫和積水，不然，眼睛、臉頰和肚子看上去很腫，還會增加體重。

13.**滋潤的時候按摩** 用按摩的技巧來塗美體精華油或者乳液：大面積地朝著心臟方向向上按摩，能促進淋巴循環。花時間讓精華油完全被皮膚吸收並滲透進去，讓皮膚充滿光澤。

●用毛巾敷 ●頭髮的防曬 ●做好防護工作 ●用滿一年後扔掉 ●把防曬霜放置在陰涼處 ●小心曬傷 ●注意城市中的防曬 ●健美肌膚必備知識 ●塗抹正確的劑量 ●不要太匆忙 ●必要時化妝 ●保持頭髮光滑 ●提早做好防護措施 ●橘子防止射線 ●保護臉部 ●唇部防曬 ●鎮靜曬後皮膚

1.**用毛巾敷** 如果你的臉部肌膚被曬傷了，用一塊濕的冷毛巾敷在曬傷的部位10分鐘，可以消除紅腫。在紅腫消退之前，避免酒精、吸菸和進一步日曬，每天塗抹曬後滋潤液兩次。

2.**頭髮的防曬** 不要指望用強化的滋潤液或者護髮素來防止日曬，陽光會曬傷頭髮並且讓它們顯得更乾燥，要用特別的頭髮防曬乳液來達到最有效的保護作用。

3. **做好防護工作** 戴一副寬邊太陽鏡來保護眼睛周圍的細嫩肌膚。能完全遮蓋整個眼部和臉的兩側的面罩式太陽鏡是最佳選擇，因為它能防止皮膚產生魚尾紋和下眼瞼產生細紋。

4. **用滿一年後扔掉** 一年後防曬霜的防護作用就會失效。夏天結束後，應該把它們都扔掉，這樣隔年你就不會再使用它們了。

5. **把防曬霜放置在陰涼處** 把防曬霜放在陰涼處可保持最佳效果，所以如果你在沙灘上，請務必把它們放置在陽光曬不到的地方，否則陽光的熱度會改變它的活性成分，減弱防曬效果。

6. **小心曬傷** 曬傷皮膚不僅危險，還會加速脫皮，讓你的皮膚留下紅斑，使它們乾燥、變薄。把滋潤液加入防曬油或者防曬霜裡，調整暴露在太陽下的時間，來曬出光滑健康的古銅色皮膚。

7. **注意城市中的防曬** 皮膚不僅在夏天的海灘邊才會暴露在太陽光底下，在城市裡也要挑選潤色乳液和防曬霜，讓你的肌膚不受傷害且光彩照人。

8. **健美肌膚必備知識** 想要擁有美麗的沙灘色肌膚，可以參考模特們的做法，用高分子的或者黃色調的防曬霜來取代那些會讓你的皮膚變得很蒼白和不健康的白色乳液。它們會給你的皮膚有金色調的感覺，同時給予大量的保護。噴霧型乳液對於均勻塗抹效果最佳。

9. **塗抹正確的劑量** 根據防曬霜SPF的指數，每平方厘米暴露在陽光下的皮膚應該塗抹2毫克防曬霜，也就是說，你平均每次應該在全身塗抹25毫克防曬霜。但多數人都沒用足分量。

這種能遮住整個眼部的太陽眼鏡，可以保護眼睛周圍的細嫩肌膚喔！

10. **不要太匆忙** 塗完潤膚霜等個15～30分鐘讓潤膚霜完全吸收後，再使用防曬霜，這樣才能確保防曬效果。

11. **必要時化妝** 如果你實在不敢沒化妝就去海灘，先用防水型的化妝品，然後再把防曬霜輕拍在最外層，這樣可以保證塗得很均勻並且防止彩妝掉落。

12. **保持頭髮光滑** 紫外線、氯和鹽都會損壞頭髮並使它變得乾燥，所以要像保護陽光下的皮膚一樣保護你的頭髮。使用特別為頭髮設計的防曬噴霧、髮膜或者髮油。這些產品能夠鎖住水分，防止頭髮退色。

13. **提早做好防護措施** 如果你要在陽光火辣的日子外出活動，擔心出汗時會擦掉防曬霜，請在出門前至少半小時塗抹，確定防曬品完全被皮膚吸收進去。

14. **橘子防止射線** 紅色、黃色和橘色的水果以及蔬菜裡含有的抗氧化劑維生素A、C和E，可以透過去除體內有害的射線，減少陽光射線對肌膚的傷害。

15. **保護臉部** 臉部和頸部的皮膚是全身肌膚中最薄最敏感的部位。為了抵禦陽光裡有害的紫外線，戴一頂寬邊帽子，特別是在上午11點到下午3點這段危險的時段裡。這樣也能防止頭髮被曬得乾燥褪色。

16. **唇部防曬** 不要忘記嘴唇也需要防曬，這裡是臉部皮膚最薄的地方，在太陽底下暴曬會造成唇部乾燥和粗糙。用防曬係數至少是15的護唇膏。

17. **鎮靜曬後皮膚** 氯、陽光和高溫會讓你大腿上的肌膚在脫毛後感到疼痛並出現疹子。建議用含有蘆薈成分的乳液來舒緩肌膚。研究表示，蘆薈具有改善肌膚自我補水功能的作用，可加速皮膚修復，在塗之前把乳液存入冰箱20分鐘，可以發揮真正鎮定皮膚的作用。

人工仿曬古銅色

●做好準備 ●去除斑駁 ●避免手被染到 ●乾燥的肌膚會變黑 ●防止褪色 ●每日去角質 ●刮體毛 ●適量地滋潤 ●成功地美黑 ●遮蓋曬紋

1. **做好準備** 仿曬液裡含化學成分DHA（二羥丙酮），它是一種無色的糖分，能給皮膚的表層上一層顏色，所以最好一次就塗對部位，以免塗錯了麻煩。請遵守以下三個步驟：去角質、塗抹滋潤霜、塗防曬乳液。

2. **去除斑駁** 如果仿曬液塗得過多或者皮膚上出現了斑駁，可以用潔膚霜來去除角質，清除死皮和污垢。

3. **避免手被染到** 為了避免手掌被染成橘黃色，可以把少量的含有硅樹脂成分的捲髮定型產品塗在你的手掌上，這樣能阻止色素滲入皮膚。

4. **乾燥的肌膚會變黑** 膝蓋、肘部和腳踝周圍的乾燥肌膚通常容易吸收較多的仿曬液，會形成黑塊區域。把滋潤霜和去除仿曬液的清潔劑混合後塗抹在這些部位。

5. **防止褪色** 要讓你的人工日曬古銅色肌膚在一周裡都看起來非常棒,避免使用含有以下成分的滋潤液:維他命A酸凝膠、果酸、柔酸和甘醇酸。以上成分會使肌膚表層的死皮脫落,讓你的人工古銅色膚色褪得更快。

6. **每日去角質** 在塗抹仿曬液的3～4天前,最好每天去角質,去完角質後塗上大量的滋潤霜來平滑肌膚並且補充水分,防止不均勻的細紋。

7. **刮體毛** 刮毛不僅可以去除體毛,還可以幫助去除表層皮膚的角質,所以在塗仿曬液前一天刮體毛是很好的選擇。但是不要在塗仿曬液之後一到兩天內刮體毛,這樣會淡化效果。

8. **適量地滋潤** 塗太多的滋潤液是人工黑膚的一大錯誤,它會在仿曬液和肌膚之間形成一道屏障,讓顏色的效果不佳而且更容易掉色和產生斑紋。等到滋潤霜都被吸收了再塗黑膚霜。

9. **成功地美黑** 耐心塗抹美黑霜,可以塗得均勻,讓你看上去很自然,而不要一次性大量地塗抹。先塗上薄薄的一層,然後過幾天再塗第二層,這樣可以達到美黑效果。

10. **遮蓋曬紋** 如果發現由於比基尼、帽子、運動褲和襪子引起的曬黑條紋,那就需要在全身塗抹美黑霜了。用少量的仿曬液來遮蓋條紋(先用滋潤液和它混合在一起以免塗得太黑),塗得均勻一些。當仿曬液的古銅色變淡時再塗上一層就可以了。

natural beauty 自然美

★ 內在美
★ 天然藥物
★ 滋養物

內在美

天然藥物

滋養物

內在美

●口氣清新的好辦法 ●控制酒量 ●麥片的美膚作用 ●水果有益肌膚健康 ●正確呼吸有美容作用 ●瑜伽中的獅子式 ●自製美容小吃 ●營養食品 ●增加自信

1. **口氣清新的好辦法** 如果你手邊沒有牙刷，或者午飯時間吃了一頓有大蒜的午餐，那就喝一瓶優酪乳吧。優酪乳可以中和異味，讓你保持口氣清新。

2. **控制酒量** 酒精造成人體內循環的紊亂，會使得臉頰和鼻子上的血管破裂。把每周的飲酒量控制在14小杯以內，試著一周至少有一天不要喝酒。

3. **麥片的美膚作用** 為了白天更有精神，早餐吃麥片加牛奶、亞麻仁和藍莓，再加一杯柳橙汁，它們都是肌膚健康的最佳食品。

4. **水果有益肌膚健康** 水果是健康皮膚必不可少的食物，不僅因為它們含有豐富的維生素和礦物成分，它們還含有豐沛的水分，可以讓皮膚保持水嫩。額頭上的肌膚起疙瘩和充血是淋巴血管不暢或者堵塞的症狀，吃大量的水果和蔬菜可以緩解這種現象。

5. 正確呼吸有美容作用

正確地呼吸是使肌膚、頭髮和指甲漂亮的秘訣，因為呼吸能增加體內的含氧量。為了保證你做深度的呼吸，把手放在腹部上，自然吸氣時感到腹部膨脹，呼氣時感到腹部收縮。每天早晨花幾分鐘閉上眼睛專心地做呼吸運動，可以讓全身放鬆，使你身心平靜。

6. 瑜伽中的獅子式

做瑜伽運動中叫做獅子的那個動作，可以讓你的臉部和頸部保持活力並改善膚色。做一個深呼吸，當你在呼氣時，盡可能張開嘴伸出你的舌頭。眼睛（頭部不動）看天花板，放輕鬆，心裡默數八下。

7. 自製美容小吃

用低脂肪的牛奶什錦餐和亞麻仁、乾果混合在一起，加上原味優格，自製一頓小吃。加入檸檬汁的番茄汁也是美容的健康飲料。

8. 營養食品

自製一頓混合蝦仁、柚子和水田芥沙拉午餐，食用後讓你的肌膚看上去亮麗非凡。這些成分富含鋅和抗氧化物，可以促進肌膚的自我修復。還可以吃一些歐芹，它富含維生素A、葉綠素、維生素B12、葉酸、維生素C和鐵，這些都是有益健康的微量元素。

9. 增加自信

相信自己美麗動人可以影響他人對自己的觀感。樂觀而且充滿自信可以讓你散發出魅力。如果你不這麼覺得，試著裝得非常有自信而且漂亮，這會讓別人對你刮目相看。

天然藥物

●歐芹汁 ●用水果和堅果補水 ●歐芹面膜 ●麝香草 ●用保養油清潔 ●減糖可以清除體內垃圾 ●杏仁油 ●用蘆薈止癢 ●精華油 ●治療頭髮乾燥的荷荷芭油 ●睡前使用薰衣草油 ●按摩去除粉刺 ●按摩解決皮膚問題 ●月見草的護膚作用 ●用杏仁油舒緩肌膚 ●燕麥 ●做脂肪酸美女 ●黃瓜的美膚作用 ●多吃有機食品 ●籽的有益作用 ●亞麻油酸可以減緩濕疹 ●選用何首烏 ●檀香油有助眠作用 ●茶樹油的診療作用 ●喝菊花茶亮眼

1.歐芹汁 把天然的歐芹汁（或者歐芹湯）和等量的檸檬汁、橙汁及紅醋栗汁混合後，塗在臉上，再塗上你喜歡的面霜，可以淡化雀斑和其他色斑。歐芹中的維生素C可以抑制黑色素的產生，均衡膚色。新鮮歐芹湯可以用來清洗皮膚，有助於去除粉刺。

2.用水果和堅果補水 對於非常乾燥、脫皮或者細薄的皮膚，建議使用含有杏仁油、杏仁和諸如藍莓之類莓果的產品，它們都含有超級補水成分，可幫助細胞組織的再生，而且不會堵塞毛孔。

3.歐芹面膜 歐芹是治療粉刺和黑頭粉刺的天然藥物，因為它能促進血液循環。把新鮮的歐芹碾碎，當做面膜使用，敷在臉上10～15分鐘後洗去。

4.**麝香草** 麝香草裡含有深層清潔因子，可以去除皮膚中的污垢和死皮。它也可以殺死引起粉刺的細菌，所以麝香草汁是清洗問題皮膚的完美選擇。

5.**用保養油清潔** 與其用昂貴的乳霜，不妨試用簡單而天然的洗面乳，它們對成熟皮膚效果很好。塗一層薄薄的杏仁油或麥芽油在臉上，留幾分鐘後用溫熱的濕毛巾或者天然海綿洗淨即可。

6.**減糖可以清除體內垃圾** 糖是提煉的碳水化合物和飽和脂肪，會導致皮膚上的瑕疵。如果覺得自己的飲食有問題，試一試溫和排毒的食譜來淨化體內垃圾。

7.**杏仁油** 杏仁油是一種超級多功能的滋潤油。把它塗在雙唇上和嘴部周圍，或者當做護手霜；或者做為溫和的眼部卸妝液，可以去除皺紋。

8.**用蘆薈止癢** 對於極度乾燥或者罹患濕疹的皮膚，富含薰衣草和蘆薈的保養霜可以止痛。這些成分含有可立刻光滑肌膚的物質。

9.**精華油** 精華油有放鬆、排毒和滋養的作用。它們容易被吸收，不會讓你的皮膚看上去油光閃閃。玫瑰油對成熟肌膚特別具有平滑和保持彈性的作用。滴幾滴玫瑰油、廣藿香和天竺葵油在基礎油裡，晚上塗少量在肌膚上。

10.**治療頭髮乾燥的荷荷芭油** 荷荷芭油光滑而且富含抗氧化劑，它能夠護理和滋養髮根至髮梢，滋潤頭髮，讓它們光滑柔軟。整晚留在頭髮上做深層護理，早晨用洗髮精洗去，或者也可以使用含有荷荷芭油成分的潤髮乳。雖然取自植物，比起傳統植物油，荷荷芭油是最接近皮脂成分的產品。

11. **睡前使用薰衣草油** 薰衣草油可以光滑皮膚，有助於減緩疼痛感，同時還有輔助睡眠的功能。試著在睡前洗澡時，滴5~6滴精華油在浴缸內，保證能讓你睡一個美容覺。

12. **按摩去除粉刺** 按摩能夠藉由促進血液循環和去除皮下的黑色素來均勻膚色，淡化色斑。它對下巴、頷和上臂等處由於血液循環不佳引起的粉刺特別有效。

13. **按摩解決皮膚問題** 在針灸醫學裡，膝蓋上方（膝蓋上方朝內側大腿2.5公分的地方）和皮膚問題緊密有關。按壓每條大腿這個點至少1分鐘，可以減少皮膚瘙癢和腫痛。

14. **月見草的護膚作用** 許多天然化妝品中都把月見草油做為主要成分。月見草含有高濃度的脂肪酸和亞麻酸（GLA），它們可以預防和治療牛皮癬、濕疹及其他皮膚症狀。月見草還可以鎖住水分。

人體必不可少的脂肪酸能保持指甲健康，預防斷裂，滋養頭皮和秀髮。

15. **用杏仁油舒緩肌膚** 把杏仁油和水混合在一起使用，是治療皮膚問題的好辦法，因為它們含有鎮定成分，可舒緩神經末梢，減少粉刺的生成。

16. **燕麥** 與其花很多錢買昂貴的去角質膏，不如從你廚房的碗櫥裡取一些燕麥片來。用水把它們調成糊狀，輕輕把它們擦在臉上和頸部，可以產生天然去角質的健膚作用。或是把幾杯燕麥加入溫水浴缸中，在裡面泡15分鐘來鎮靜皮膚。注意不要用在敏感性皮膚上。

17. **做脂肪酸美女** 鯖魚、沙丁魚和鮭魚中富含Omega-3脂肪酸，它可以用來減緩腫痛、排除毒素，給皮膚帶來益處。

18. **黃瓜的美膚作用** 黃瓜汁可以去除斑點瑕疵，因為它有醒膚作用，保持水分。它含有溫和的緊膚成分，有助於減少紅腫現象，消除粉刺。

19. **多吃有機食品** 科學家認為食物中過多的添加劑、色素和防腐劑會惡化敏感性肌膚。如果你的肌膚有紅腫現象，試著多吃天然的有機食品。

20. **籽的有益作用** 南瓜籽、芝麻和葵花籽含有脂肪、維生素和礦物質等必不可少的活膚成分。每周至少吃3～4次，能發揮其最佳效果。

21. **亞麻油酸可以減緩濕疹** 在許多營養品與多數堅果和種籽中都富含亞麻油酸，它是有效的Omega-3脂肪酸，比橄欖油和魚油更能緩解濕疹。

22. **選用何首烏** 何首烏，也被稱做「防白髮草」，經常使用可以加深髮色，治療白髮。它通常被用做營養品、營養油和護髮產品中的成分。

23. **檀香油有助眠作用** 檀香油有極好的滋潤作用，滴幾滴檀香油在浴盆中，可以幫助舒緩緊張，治療失眠。它也是傳統的抗抑鬱藥。

24. **茶樹油的診療作用** 薰衣草油、茶樹油和金縷梅含有天然的除菌成分，有助於預防粉刺和由於蚊蟲叮咬引起的發炎。麥盧卡蜂蜜雖然有點黏，但卻是天然的抗菌劑。

25. **喝菊花茶亮眼** 睡前喝菊花茶是去除眼袋的好方法，它可以幫助你好好地睡個美容覺，減緩會引起黑眼圈的面部緊張。

滋養物

●維生素B消除老年斑 ●綠茶美人 ●小麥草 ●滋養品可以緩解牛皮癬 ●硒元素 ●愛上魚肝油 ●用螺旋藻來預防斑點 ●娑羅果提取物 ●服用月見草油膠囊 ●補充維生素E ●抗衰老的伊美婷 ●琉璃苣油 ●洋薊

1. 維生素B消除老年斑

富含維生素B的營養品被認為可以淡化和清除臉部及手背上的老年斑。你也可以在肉類、高濃度麥片和酵母膏裡獲取維生素B。

2. 綠茶美人

每天喝綠茶可以加速體內新陳代謝的速度，減少脂肪堆積，有助於讓你變得更加苗條和健康。不過它含有咖啡因，所以小心飲用，不要過量。

3. 小麥草

小麥草汁裡有維生素、礦物質、氨基酸等成分，可以飲用、塗在皮膚上或者當做營養品

服用。作為爽膚水，它能夠淡化斑點和曬斑，促進新皮膚的生長和排除毒素。

4. 滋養品可以緩解牛皮癬

牛皮癬會把乾燥脫落的死皮留在皮膚表面。每天晚上吃精華油膠囊、維生素E或者魚肝油，可以幫助皮膚恢復滋潤，減輕牛皮癬症狀。

5. 硒元素

雖然人體只需要微量的硒元素，但是它對於預防疾病、促進血液循環和幫助皮膚保持濕潤及不受傷害非常重要。硒元素幫助排出體內重金屬污染中的毒素，是有治療作用的抗氧化物。

6.**愛上魚肝油** 女士們長期以來用魚肝油保持肌膚美麗。它有助於調節肌膚的天然油脂，防止皮膚乾燥卻不會使它們油膩、長粉刺和斑點。

7.**用螺旋藻來預防斑點** 螺旋藻（spirulina）是一種藍綠海藻，含有豐富的氨基酸、抗氧化物質、益生素和植物色素。它們被人體吸收後，能促進皮膚和頭髮的健康。可當做營養品或者用做面膜，並能預防各種斑點的形成。

8.**娑羅果提取物** 娑羅果提取物一直以來是治療靜脈曲張、痔瘡和其他與循環不良有關的疾病的藥物。服用娑羅果提取物藥片可以促進和調節循環。

9.**服用月見草油膠囊** 每天服用月見草油膠囊，可以保持肌膚彈性，防止斑點和經前期綜合症，那段時間裡皮膚油脂的分泌常常會發生改變。

10.**補充維生素E** 維生素E可能是人體最重要的抗氧化劑了，它可以防止由於日曬、污染和現代生活中輻射和氧化帶來的傷害。經證明，它有助於保持肌膚的年輕和健康。

11.**抗衰老的伊美婷** 伊美婷（Imedeen）是含有海洋成分、維生素C和鋅的天然營養品，它從內部滋養肌膚，防止皺紋、老年斑、乾燥等肌膚老化現象。

12.**琉璃苣油** 琉璃苣油提取自草本琉璃苣，普遍認為比月見草油的效果還要好，因為它含有大量的健康肌膚必不可少的成分——亞麻酸（GLA）。

13.**洋薊** 洋薊是最古老的藥用植物之一，它可以排除肌膚和體內的毒素。洋薊葉子精華中含有化學成分洋薊素，可以促進消化酵素的生成，幫助分解食物和排除毒素。

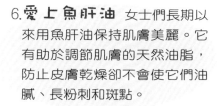

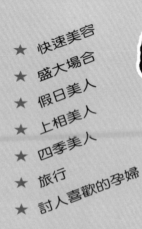

★ 快速美容
★ 盛大場合
★ 假日美人
★ 上相美人
★ 四季美人
★ 旅行
★ 討人喜歡的孕婦

盛大場合

假日美

快速美容

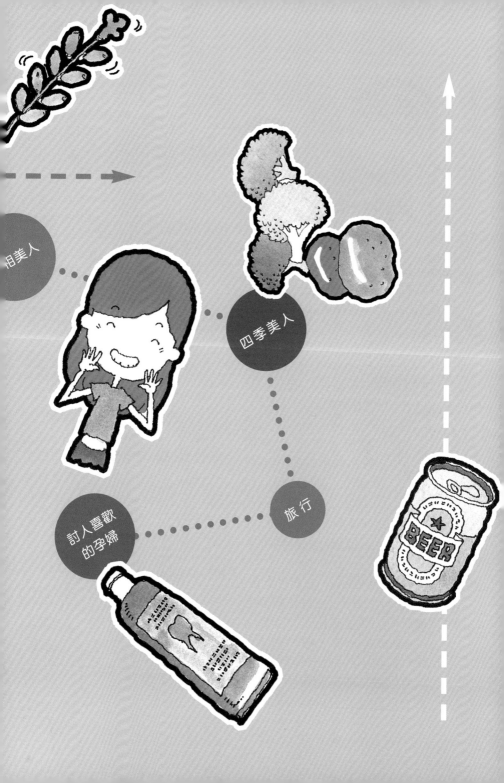

快速美容

●對付酒精引起的缺水 ●消除眼睛充血的問題 ●壞天氣時的髮型 ●做一個碘測試 ●早晨消除眼袋法 ●消除眼睛發炎 ●消除人工日曬色不均勻 ●撲上蜜粉 ●應急用的唇彩 ●粉撲撲的臉蛋 ●掩蓋斑痕 ●化裸妝 ●冰塊去除疼痛感 ●擠破粉刺後 ●輕塗眼影 ●固定眼影 ●遮蓋美黑留下的瑕疵 ●疲勞時用閃粉 ●用鹽清洗 ●補足水分 ●用眉筆彌補 ●牙膏的小秘訣 ●小刷子的美容作用 ●給浮腫的眼睛來點茶 ●午飯後用散粉補妝 ●運動後的清潔 ●重新定妝 ●帶上化妝棉 ●古銅色遮蓋困頓的眼睛 ●用唇膏提亮臉頰

1. 對付酒精引起的缺水

酒精最容易造成缺水，如果你有喝酒後的不適感，你的肌膚也會。要多喝水，避免咖啡因、碳酸飲料和果汁（純果汁無礙），再加上用深層保濕面膜並且好好休息，可以讓你恢復健康。

2. 消除眼睛充血的問題

眼睛充滿血絲，特別是乾澀的情況下，可能是由於缺乏維生素A造成的。紅、橙、黃色水果和蔬菜中的β胡蘿蔔素可以保護眼部健康。眼藥水中含有的血液收縮劑只能夠有暫時收縮血管的作用，而且可能會惡化眼睛充血的現象。

3. 壞天氣時的髮型

每個人都會遭受到壞天氣引起的頭髮蓬亂。如果你扎不好頭髮或者由於天氣的原因會把你的髮型吹亂，不如試試馬尾辮或者把頭髮高束起來。一些髮油或者定型膏可以讓你的髮型看上去很整潔，即使它們不是最適合你的髮型。

好了，這種髮型就不擔心在壞天氣出門。

4. **做一個碘測試** 如果你頭髮毛糙，肌膚缺水，而且易感到疲勞，可能是因為你身體缺碘。海洋產品和海菜都是碘的最佳來源，或者如果你真的擔心，就讓醫生替你做一個測試吧。

5. **早晨消除眼袋法** 萬一你早上起來發現眼睛腫脹，敷上放在冰箱裡的眼膜是個很好的選擇，然後在下眼瞼塗一點凝膠產品來給眼部四周嬌嫩的肌膚消腫。

6. **消除眼睛發炎** 缺乏維生素C會導致麥粒腫、眼瞼浮腫和眼白充血。橘類水果和果汁、莓果類、花菜及馬鈴薯中含有大量的維生素C。

7. **消除人工日曬色不均勻** 對於不均勻的人工日曬古銅色，只有一個真正解決的方法：去角質、去角質、再去角質。如果你沒有時間多花心思，就試試美黑霜卸妝液，就算和你的美黑霜不是同一個牌子也沒有關係，它可以中和一些顏色。

8. **撲上蜜粉** 有一個快速解決頭髮油膩的辦法：沿著髮際輕拍一點透明的蜜粉可以吸收多餘的水分，幫助你度過頭髮油膩的時段，一直撐到洗澡為止。

9. **應急用的唇彩** 一直在你包裡放支唇彩以供應急之用。參加臨時的會議或約會時，淡色的唇彩是最佳的選擇，它不會掩蓋臉部其他部位的光芒。

10. **粉撲撲的臉蛋** 如果你沒有充足的時間來化妝，但是又不想一張淨白的臉見人，就在臉頰上塗一點胭脂，可以讓你看起來自然動人。

11.**掩蓋斑痕** 如果你的睫毛膏碰到或者撒到臉頰上了，用透明蜜粉輕輕地撲在臉頰上，可以掩蓋睫毛膏斑痕。

12.**化裸妝** 為了遮蓋人工日曬的斑紋和斑點，可以用潤色乳液，但是要避免胭脂紅和古銅色，應該選用中性的睫毛膏或者唇膏顏色，這樣你看上去會顯得更年輕，也不會讓臉部太誇張。

13.**冰塊去除疼痛感** 如果你潰瘍的地方有麻刺感，馬上用冰塊冰敷，可以幫助緩解腫痛。一旦潰瘍發膿，把鹽和檸檬汁灑在上面。

14.**擠破粉刺後** 你剛剛擠破了一個膿頭，現在那裡又紅又腫，怎麼辦？塗上消炎藥後等它變乾，然後用遮瑕膏塗在紅腫的地方，在藥膏乾之前不要把蜜粉撲在粉刺上，不然會讓粉刺變硬，在它停止滲出液體後再塗散粉。

15.**輕塗眼影** 如果你塗的眼影有皺褶，用一把小眼影刷沾少量眼影一層層塗上去，防止塗得太厚。不要用眼影膏，它很容易引起皺褶。

16.**固定眼影** 在塗眼影粉前或者眼影膏後，敷上一層透明粉，可以解決眼影皺褶的問題。把面紙裹在食指上，輕輕地拭去剩餘物。

17.**遮蓋美黑留下的瑕疵** 如果要在夜晚外出，使用有打亮作用的產品，能夠調整不均勻的膚色，遮蓋因為美黑霜塗抹不當而引起的明顯斑紋。

18.**疲勞時用閃粉** 在酒後或者肌膚看上去疲勞的時候，用古銅色閃粉輕輕塗在額頭上和顴骨下面來增加健康的光澤，這能使你變得更加亮麗，讓所有說你工作時看上去有多累的人停止發表評論。

19.**用鹽清洗** 肌膚在割傷或碰破時，用鹽來清洗小傷口有排毒作用，可以減少細菌感染的機率；或者在上面撒一點薑黃

粉來促進肌膚本身的自然癒合能力。用止血劑可以讓受傷的傷口停止流血，如果沒有的話，不妨用一點點止汗劑、酒精或者過抗氧化物來代替。

20. **補足水分** 如果你的皮膚看上去蒼白而且眼睛無神，這可能是缺水的第一症狀，只要補足水分就可以重新神采奕奕了。

21. **用眉筆彌補** 為了修補被拔過頭的眉毛，可以選擇一款盡可能貼近你眉毛顏色的眉筆，然後根據原來的眉毛線條來輕輕畫眉毛。短短地描畫，然後用眉刷來刷眉毛，柔化線條。

22. **牙膏的小秘訣** 如果在參加盛大的派對或者面試的前夜，突然發現自己長了痘痘，睡覺時在痘痘上塗上牙膏，保持一個晚上。它可以幫助患處皮膚凝乾，改善痘痘周圍區域的發紅情況。

23. **小刷子的美容作用** 用小的尖頭刷子，點上遮瑕膏，把它塗開在粉刺上，小刷子可以讓你針對瑕疵部位美容，不會使妝看上去明顯。選擇帶有蓋子的刷子以便再次使用。

24. **給浮腫的眼睛來點茶** 想要減輕疲勞眼睛周圍的浮腫，可以把兩只茶袋泡入溫水中，然後把它們擠乾到不滴水為止，敷在閉著的眼睛上10分鐘。茶葉的天然抗氧化成分能幫助你解決眼睛浮腫的問題。

25. **午飯後用散粉補妝** 午飯後皮膚會變得油膩並且泛出油光。用無油的散粉來遮蓋油光，但是不要敷得過多，只敷上薄薄的一層即可。

26. **運動後的清潔** 即使在運動時你沒有感覺出很多汗，但事實上你的皮膚已經蒸發了很多水分。如果在運動後沒有時間馬上洗澡，想要打理好自己，就用洗面乳來洗去臉上的汗水和油膩。乾淨的皮膚長粉刺的機率很小，而且可以保持毛孔清潔。

27.**重新定妝** 就像人的體能一樣，到下午四點鐘時粉底液的作用會慢慢褪去，不妨去盥洗室裡補個妝，可以有補救作用。首先，吸去面部多餘油脂，然後用乾淨的化妝棉補上粉底液，再把透明的散粉撲在臉上，最後輕輕掃上腮紅再抹點口紅。

28.**帶上化妝棉** 如果你只能隨身帶一樣應急的美容物品，那就非化妝棉莫屬了。它可以用來光滑肌膚或者重新塗抹粉底液，擦拭有了皺褶的眼影，平撫塗得不均勻的區域。

29.**古銅色遮蓋困頓的眼睛** 如果因為缺乏睡眠造成皮膚和眼睛的問題，把古銅色或者金色的眼線或者眼影塗在睫毛根部，這是讓你看上去神采奕奕的最快捷方法。古銅色是最通用的眼部提亮顏色，和多數顏色的眼睛都能搭配。

30.**用唇膏提亮臉頰** 如果你看上去蒼白又沒精神，而身邊只帶了一支唇膏，可以點少許唇膏在臉頰上，用手指塗開，會讓你變得健康亮麗。

要先去梳洗一下囉！

盛大場合

●化妝的第一步 ●新娘妝須選擇暖色調唇膏 ●打理睫毛 ●諮詢專業人士 ●臉頰上用暖色調 ●事先試衣、試妝 ●不要一味追流行 ●避免日曬

1. **化妝的第一步** 晚上參加活動，想要讓你眼睛上的妝持續到凌晨一兩點，化妝時首先把粉底液塗在眼瞼上，然後塗上眼影，之後輕輕地打一點水在眼部定妝。最後像平時一樣，在臉部其餘部位塗粉底液和化彩妝。

2. **新娘妝須選擇暖色調唇膏** 新娘妝應該選擇暖色調而且非常亮麗的唇膏。玫瑰紅、粉紅和大紅色最上相，還可以讓白色牙齒和婚紗看起來既乾淨又清爽。

3. **打理睫毛** 用睫毛夾夾好睫毛後，再塗上兩層薄薄的加長睫毛膏，可以讓睫毛看上去更加濃密。不要塗太多層睫毛膏，特別是在白天參加活動的時候，因為這樣會讓你的睫毛看上去很厚重，而且更加容易掉色。防水型的睫毛膏持效長久，就算不小心沾到喜悅的淚水也沒有關係。

4. **諮詢專業人士** 找一家離你最近的美容專櫃或者專賣店，請教店內的美容師。他們不僅會向你推薦最適合你的顏色，還會告訴你化妝的小常識和專業技巧。有時候高級化妝師會去專賣店坐堂，所以要留心廣告上寫的免費諮詢的日期和時間。

5. **臉頰上用暖色調** 在結婚當天，如果你想突出你的年輕貌美，就選用一款迷人的暖色調腮紅，如桃紅色或者玫瑰紅，它們可以讓你的膚色看上去更加自然。強調兩頰圓圓的部分，用腮紅刷朝上向髮際線方向撲上腮紅。

6. **事先試衣、試妝** 事先要為結婚當日至少試一次整套的造型，穿上婚紗，做好髮型，化好妝。通常在結婚日前幾周這樣試一次，然後自己算一下時間，以便在結婚當天留出足夠的時間。在化妝方面，想想結婚當天你希望在哪一刻給人們留下深刻的印象。當婚禮由白天進行到晚上後，不用擔心換妝的問題，如果晚些要跳舞的話，把妝補濃點或上點亮粉就可以了。

7. **不要一味追流行** 在結婚當天不要使用太時髦的眼部妝容。你也許會覺得那天用閃亮的眼線是個好主意，但結果很有可能在那以後每當你看婚禮照片時都會後悔。妝要化得自然大方，小心不要找不了解你的化妝師，他們會讓你的妝看上去太濃烈或者太淡，你不得不花費不必要的時間來重新化妝。

8. **避免日曬** 在婚禮前不要曬太多太陽。日曬、脫皮和美黑霜留下的痕跡會破壞你的好日子，因為它們是很難被完全遮蓋的。

●修剪頭髮去度假 ●住帳篷的必帶品 ●在海水裡散步 ●
調整秀髮亮度 ●編起辮子 ●染燙睫毛 ●滑雪麗人 ●光腳
走沙灘 ●去除蟲子 ●去找專業人士 ●炭油皂防止叮咬

1. **修剪頭髮去度假** 在去海邊度假前，去剪一個假日髮型吧。暴露在日曬、海鹽和氯氣的乾燥作用下，受損的髮根只會更加惡化，所以出發前保持頭髮健康很重要。

2. **住帳篷的必帶品** 帳篷裡的空間是有限的，所以你不用額外帶洗面乳和爽膚水。溫和的嬰兒濕布是聰明的替代品，甚至在卸除難洗的睫毛膏時都非常有用，對於許多其他清洗工作也極為有效。

3. **在海水裡散步** 在水深至少及膝的水裡散步，可以好好鍛鍊你的臀部和大腿。這樣還可以讓你在太陽底下保持涼爽，並且因為你逆著阻力行走，可以幫助緊致臀部和大腿的肌膚。

4. **調整秀髮亮度** 出門前，可以用半亮髮染色膏來保護秀髮，它不僅能讓你感覺良好，還會給你的頭髮添加一層保護膜，防止水分流失。為了真正提高頭髮的健康狀況，可以用營養豐富的髮膜或者精華油做一個深層的滋養，補充水分和光澤。

5.**編起辮子** 如果你有一頭長髮，在沙灘旁或者游泳池邊時可以考慮把它們編成辮子，這樣可以減少頭髮（特別是髮根）和陽光裡有害的射線接觸的面積，保持頭髮的健康。

6.**染燙睫毛** 在你去海邊之前染燙一下你的睫毛，你就不用擔心睫毛膏不防水或者熊貓眼的問題了。睫毛染色有很多好處，可以減少眼睛浮腫現象，讓睫毛看上去更加濃密。

7.**滑雪麗人** 山上寒冷的空氣和高的海拔會減少體內的水分，所以要盡可能多喝水。不要用緊膚或者泥類面膜，它們有收縮毛孔的作用，會讓人覺得皮膚發乾。塗上大量的防曬霜，特別不要忽略髮際和耳朵部分。

8.**光腳走沙灘** 在沙灘上散步是去除腳部角質和減緩足部緊張感的最佳方法，因為堅硬的沙礫會給你按摩，同時也有足底治療作用。

9.**去除痱子** 如果發現自己得了痱子（一種肌膚表面非常癢的小紅塊），要穿棉和亞麻之類的天然纖維衣物，也不要去抓它們，那樣只會讓症狀更加惡化。含有水楊酸的產品對痱子有一定幫助。

10.**去找專業人士** 要是你出門旅遊時頭髮一直有受損的問題，一回來就應該馬上去美髮師那裡修剪掉受損的髮梢。這樣，受損和分叉就不會繼續蔓延至髮根了。

11.**炭油皂防止叮咬** 用炭油皂淋浴或者盆浴可以避免你在沙灘上被蚊蟲叮咬，這樣你回到家就不會渾身都是叮咬和抓過的痕跡。

上相美人

●避免雙下巴和眨眼睛 ●找一個好看的角度 ●不要給人冷淡的感覺 ●側身站立 ●粉不要撲得過多 ●在閃光燈前用微黃的粉底 ●坐到椅子邊緣 ●如何拍團體照 ●特寫 ●不要給人呆板感 ●從低處拍讓你看上去修長

1. **避免雙下巴和眨眼睛**
為了避免雙下巴，在快門按下之前做一個深呼吸，微笑和擺姿勢的時候吐氣，這樣能夠收緊下巴區域的肌膚，避免它們鬆弛。如果你拍照時喜歡眨眼，眼睛朝下或朝邊上看，在攝影師快要按快門時，再把眼睛移向照相機。

2. **找一個好看的角度** 挑一張你看了滿意的自己的照片，以後照相時就擺這個姿勢。很多人頭稍微往一邊側要比端正好看。

3. **不要給人冷淡的感覺**
拍照時，不要塗中色或者冷色調的唇膏。這些顏色會讓你看上去很蒼白並且一副沒有精神的樣子。也不要用閃閃發亮的唇彩。在照片裡，它們會讓你不那麼動人，而且會反光，讓你看上去有過頭的感覺。用微微發光的唇彩。

4. **側身站立** 想要有一個窈窕的站姿，試著模仿那些名人，一腳站在另一腳前面，手不要放在體側，顯出身體的3/4。這樣可以幫助你減少身體占據的空間，讓你看上去更加苗條。肩膀往後放可以讓你站得更直。在拍照的那一刻，微微收臀，這樣可以讓你的身形顯得更加修長。

5. 粉不要撲得過多 如果你想在相片上看上去最漂亮，化妝時不要用太誇張的粉底。過多的粉會讓你的皮膚看上去像粉筆一樣乾燥、沒有生氣。

6. 在閃光燈前用微黃的粉底 用閃光燈拍照時，用微黃的粉底液效果最佳。要小心使用紅色的粉底液，那會讓你看上去臉上泛紅，特別誇張。

7. 坐到椅子邊緣 在拍坐姿照片時，移坐到椅子邊緣，這樣你的大腿能自然垂下，視覺上要比實際來得細緻。

8. 如何拍團體照 拍團體照時，不要站在中間用手搭在兩旁人肩上，因為你正對著鏡頭，那樣會顯得你很寬。相反地，應該用一隻手環住一人，另一隻手自然下垂。

9. 特寫 如果有人正在拍攝你的臉部相片，你希望你的兩頰看起來細長，請他們從高處往下拍你。抬頭看相機會讓你的眼睛變得更大，臉頰變窄。把舌頭捲到舌根是最快的消除你照片上雙下巴的訣竅。

10. 不要給人呆板感 記住照片會增加對比感，所以不要用黑色眉粉或者眉筆來畫眉毛，否則會讓你看上去呆板而不是漂亮。同理，黑色的眼線和朦朧的眼影會使得眼睛周圍彷彿有黑眼圈，讓你的眼睛看上去更加內陷。

11. 從低處拍讓你看上去修長 除非你非常高，不然千萬不要讓別人在與你視線等高的地方為你拍全身照，這樣會讓你的腿看上去變短。請他們蹲在地上向上替你拍，你的腿看起來會修長迷人。

四季美卜

●小心粉刺 ●為皮膚重見天日做準備 ●夏季減少護膚品 ●夏季多飲水 ●夏天用淡香型 ●吃清淡的食物曬太陽 ●牛奶的鎖水功能 ●控油 ●在胸口的肌膚上多花點時間 ●留心洗面乳的成分 ●粉餅盒 ●黃色光線 ●不要忘記曬光 ●冷熱水澡 ●快速地洗溫水澡 ●逐漸過渡 ●迅速滋潤 ●防止嘴唇龜裂 ●去角質 ●檸檬水 ●冬天用深色 ●用溫和的沐浴露 ●保護手部皮膚 ●室內放一碗水

1. **小心粉刺** 比起在冬天，春天裡更容易爆發粉刺，因為皮膚開始分泌整個乾燥的冬天都缺乏的油脂。每天早晚清洗，更換輕薄配方的潤膚液。

2. **為皮膚重見天日做準備** 不僅僅是臉部的肌膚在春天裡需要保養，一般來說，你的身體整個冬天被包裹著，所以要做全面的去角質和滋潤工作，以此迎接皮膚重見天日。

3. **夏季減少護膚品** 要隨著季節更換基礎護膚保養品。陽光更強烈，你的膚色會發生改變，冬天的粉底液看上去比較厚重，夏天改用比較輕薄的配方，用潤色乳液或者只用遮瑕筆和防曬霜就可以了。

4. **夏季多飲水** 夏天的時候，每天喝足量的水，不僅可以補充變成汗水的水分，還可以幫助把毒素排出體外，保持肌膚的清爽與光澤。含有增強膚質成分的香草茶或者香料茶，有保健和藥用功效。

5.**夏天用淡香型** 夏天裡選用味道淡一點的香水，例如花香家族或是氧家族裡的淡香水或者淡香噴霧。比起秋天用的有草木氣息的西普香水和馥奇香水，它們更加清新且適合夏天。

6.**吃清淡的食物曬太陽** 如果你想享受陽光，少吃辛辣和酸的食物，例如紅番椒、酸橙和醋，它們會加重皮膚的光反應，造成過敏。應該吃含有充足水分的清淡食物。

7.**牛奶的鎖水功能** 牛奶有鎮靜成分，能給肌膚提供營養，形成一層保護膜，防止水分流失引起的乾燥。在夏季，每天喝一杯牛奶，或者選擇含有牛奶成分的洗面乳和滋潤液。

8.**控油** 陽光會增加油脂的分泌，使肌膚顯得很油膩。當油脂和污垢、汗水結合在一起後，易堵塞毛孔。在夏天，你一定要仔細地進行早晚清潔，特別是在你用了防曬霜之後。如果你深受油性肌膚所煩惱，就先不要使用滋潤霜，讓肌膚好好休息一下。

9.**在胸口的肌膚上多花點時間** 胸部和頸部的肌膚幾乎和臉部肌膚一樣細膩，但是在秋天裡衣服開始穿得多時很容易被遺忘。請和保養臉部一樣，晚間把滋潤液塗抹在你的頸部、耳部和鎖骨區域。

10.**留心洗面乳的成分** 隨著秋天而來的涼爽天氣，意味著肌膚上產生的油脂會比炎熱的夏天要少。請確保秋天用的洗面乳不含皂素，因為它們會洗去皮膚的水分。

11.**粉餅盒** 就算是乾燥的皮膚，在夏天裡也會泛油光。隨身攜帶粉餅盒來遮蓋多餘的油脂，這樣你就可以不用帶粉底液或者潤色乳液了。用化妝刷把粉撲在臉上，

可以抵抗細菌，而不要用放在粉餅盒裡的粉餅撲來撲粉。

12. **黃色光線** 夏天的光線比冬天灰白的光線黃得多。仔細地選擇粉底液，出門前要在白天的光線下檢查你的妝容。小心眼部和頸部周圍灰黃的膚色。

13. **不要忘記陽光** 即使陽光沒有盛夏那麼炎熱，也不要覺得就可以不用防曬霜了。

皮膚科醫生現在推荐夏天用SPF值15～30、秋天用SPF值15～20的防曬霜，給各種類型的肌膚使用，以預防陽光帶來的損傷。

14. **冷熱水澡** 冬天早晨可以洗個溫水澡來開始新的一天，但是在洗完前改換冷水沖15秒鐘，然後再換成熱水，這樣來回洗幾次可以促進血液循環，使肌膚充滿活力。

15. **快速地洗溫水澡** 在寒冷的冬天洗一個長時間的熱水澡是一項誘人的想法，但是過分暴露在熱水裡會使肌膚變得更乾燥。快速地盆浴或淋浴，每天控制在一次以內，用溫水而不要用熱水。

16. **逐漸過渡** 不要秋天一到就馬上選用深色的彩妝，用深藍色、紫紅色和青灰色慢慢過渡到冬天，這些顏色和夏天的膚色相配，在秋天的晚上有亮化作用。只要簡單地換一款不同顏色的唇膏，就可以直接把你帶入一個新季節。

17. **迅速滋潤** 在冬天乾燥的日子裡，用滋潤效果好的日用滋養霜來保持肌膚豐盈和油脂平衡，如此能夠幫助保持肌膚健康亮麗。如果可能的話，避免果酸、維生素A產品和強效的去角質膏；選用含有維生素E、氨基酸、透明質酸之類滋潤成分的產品，可以解決肌膚乾燥問題。

18.**防止嘴唇龜裂** 龜裂的嘴唇在乾燥的冬季裡最常見。使用高度保濕的護唇膏，可以提供一層保護膜，它內含的維生素E能保持唇部肌膚的彈性。

19.**去角質** 每周去一次角質來去除死皮，幫助由於冬季乾燥和低溫造成水分流失的肌膚，吸收更多的滋潤液。這樣能保持肌膚紅潤有光澤而不是灰暗無精神。

20.**檸檬水** 這個中國傳統草藥配方是使身體充滿活力的有效方法。它能排除體內包括肝臟和膽囊在內所有人體系統中的毒素，也就是說，身體可以更快地清洗血液來排除對肌膚有害的毒素。只要把幾片新鮮的檸檬或者半顆檸檬的汁水放入一杯熱水中，然後飲用就行了。

21.**冬天用深色** 冬天用深色，就是說要加厚你的妝容，讓你看上去更亮麗。選用黑色而不要用適合夏天的棕灰色和褐色。甚至可以嘗試金屬色眼影

和深色唇膏，它們和冬天的光線非常搭配。

22.**用溫和的沐浴露** 不要用肥皂，它們會傷害乾燥的肌膚，刺激並加重皮膚乾燥的現象，改用溫和無刺激的洗面乳或沐浴露。輕拍肌膚以去除多餘水分，而不要用肥皂把肌膚揉搓到乾燥。

23.**保護手部皮膚** 冬天皮膚容易龜裂和脫皮，所以要額外當心手部和腳部的肌膚。洗手後一定要塗抹護手霜，洗東西時戴上橡皮手套來減少手部暴露在水中的機會。

24.**室內放一碗水** 為了抵抗中央空調帶來的乾燥後果，可以在家中或辦公室裡擺放一些熱帶植物，並且精心地給它們澆水。有一個自製加濕器的辦法：在熱源物體附近放一碗水來保持房間裡的濕度，有助於夜間呼吸品質。

●飛機上補水 ●下飛機後的皮膚保養 ●牛奶薊 ●醒膚 ●
在雲中睡覺 ●飛行時的面部保養 ●攜帶潤色乳液
旅行 ●多功能的化妝品 ●唇彩 ●隨身盒 ●使用
試用品 ●活動腳部 ●簡化你的化妝箱 ●用潔膚
棉淨膚 ●減少旅行箱的空間 ●提亮膚色

1. **飛機上補水** 在飛機上飛行1個小時，你的肌膚就會失去100毫升的水分。每小時至少喝250毫升的水來補充水分，在起飛前好好地滋潤臉部和全身肌膚。

2. **下飛機後的皮膚保養**
下了飛機後的肌膚通常會變得又疲勞又乾燥，如果想用許多彩妝來讓自己看上去漂亮是沒有用的。相反地，塗抹上滋潤霜，用提亮顏色的胭脂或者古銅色凝膠來塗抹臉頰。使用含有維生素E的精華油或者滋潤霜，它們可以消除疲勞，讓肌膚豐盈。

3. **牛奶薊** 出國旅遊時服用牛奶薊營養品可以幫助消化，預防胃部問題，增強免疫系統，幫助肝臟應付假日的負荷。

4. **醒膚** 飛機上的濕度通常低於20％。在長途飛行後想要給缺水的肌膚補水並且給眼睛提神，可以在臉上灑點化妝水，塗上輕薄且不會堵塞毛孔的滋潤液和眼霜。這能夠均衡膚色，消除眼睛發腫現象。飛行時把玫瑰水噴霧噴灑在臉部，也可以保持肌膚柔軟並富有彈性。

5. **在雲中睡覺** 你在飛機上可以做的最好的事情，就是盡可能多地睡覺。用一個頸椎墊來讓自己更加舒服，因為頸椎經過飛行後最容易僵硬。用眼罩和耳塞來阻隔光線與嘈雜聲，防止干擾。

6. **飛行時的面部保養** 不要心甘情願接受飛行時皮膚變糟的現實。你可以在飛機上做面部保養來消除疲勞，特別是你的臉頰，它們會首先表現出缺水的特徵，比如出現小細紋。

7. **攜帶潤色乳液旅行** 潤色乳液是旅行的最佳伴侶。它不僅容易攜帶和塗抹，而且綜合滋潤霜、粉底液和防曬霜的作用為一體。它不像許多粉底液那樣乾燥，這點對缺水的皮膚非常重要。

8. **多功能的化妝品** 唇線、眼線、眉毛三用化妝筆和唇膏、腮紅等多功能產品是旅行的好伴侶，因為你可以在路上用手指快速上妝，而且它們也不會占據你手提包裡寶貴的空間。凡士林是保濕的好產品，潤唇膏、亮顏產品和急救藥膏也必不可少。

9. **唇彩** 如果你要去氣候較溫暖的地方旅行，唇膏可能會使嘴唇顏色太深。用唇線筆和唇彩來代替唇膏。輕輕勾勒唇線或者塗上唇彩可以立即給你自然的唇色，並且能保持幾個小時。

10. **隨身盒** 打破旅遊時隨身帶一支口紅的觀念，取一些不同顏色的唇膏放在一個帶有格子的隨身盒裡。這樣不僅可以打造你個人的唇膏調色板，還能把多餘的唇膏留在家裡，防止其受熱變質。

11.**使用試用品** 隨身攜帶從雜誌或者美容專櫃那裡獲得的免費試用包。不要害怕向美容專櫃索取試用品，除了可以在旅行或者周末外出方便使用外，同時也可以讓你花大錢購買正品前，先試用出一款適合你的產品。

12.**活動腳部** 如果你會在火車、汽車或者飛機上待很長一段時間，可以做一個簡易運動：一隻腳站立，用手抓住另一隻腳的腳踝彎曲到身後，然後彎曲和伸直你的腳部。這樣可以促進血液循環，幫助預防血栓、刺痛和麻木感。

13.**簡化你的化妝箱** 把每日必需的化妝品放入小型塑膠罐裡隨身攜帶，這樣既可以防止玻璃瓶破碎，還可以讓你的化妝箱輕便實用。

14.**用潔膚棉淨膚** 長時間飛行時要隨身攜帶潔膚棉，可以在旅程中保持肌膚清潔，不堵塞毛孔。然後塗上滋潤霜防止皮膚乾燥，等到飛機降落時，你的臉會和平時一樣充滿健康光澤。

15.**減少旅行箱的空間** 盡量把化妝品都留在家裡，只隨身帶上必不可少的幾樣產品。最好是有多功能用途的產品，例如有滋潤作用的洗面乳，可以當做護髮素的美體霜，能夠滋潤指甲、手部和嘴唇的乳木果油膏。一個唇膏、眼影和腮紅調色盒會比幾個單品占用的空間少。

16.**提亮膚色** 想要立即讓疲勞的面容生動起來，塗一點閃粉或美白乳液在下頜中央、鼻梁和額頭中央，這會讓你的臉龐變得自然、生動、有光澤。如果你要露出頸部或者肩膀，在這些部位也塗一點。

討ㄒ喜歡的孕婦

●金盞菊消除浮腫 ●小心選擇乳霜 ●耐心對待色素沉澱 ●懷孕期間游泳 ●按摩隆起的腹部 ●換產品 ●滋養肌膚 ●喜歡你的孕婦曲線 ●人工美黑霜淡化妊娠紋 ●足部保養 ●站直 ●避免使用A酸 ●謹慎對待油膩部位 ●增加去角質膏的使用次數 ●需要特別注意的部位 ●正視新臉型 ●不用含有化學試劑的產品 ●嬰兒護膚品最好 ●用頭巾扎起頭髮 ●勿用化學試劑 ●植物性染髮膏 ●頭髮乾燥是自然現象 ●不要素面朝天 ●散發迷人香氣

1. **金盞菊消除浮腫** 懷孕期間的皮膚較容易浮腫，可以自製消腫秘方，把少許萬壽菊（金盞菊）放入300C.C.沸水中浸泡5分鐘，等它們冷卻下來，擦拭在浮腫的地方。

2. **小心選擇乳霜** 最好的預防妊娠紋的產品是那些含有膠原蛋白和彈力蛋白的面霜，它們能幫助內層肌膚的再生，減少妊娠紋和斑點產生的機率。把維生素E乳液塗在妊娠紋上按摩，每天兩次，可以有淡化和預防妊娠紋的作用。

3. **耐心對待色素沉澱** 一些女性在懷孕期間皮膚上會有很明顯的色素沉澱，被稱之為黃褐斑，它們是荷爾蒙的分泌發生變化所引起的。如果發生這種情況，避免曬太陽（陽光會惡化症狀），用化妝品來均衡膚色。在產下嬰兒的幾個月後，臉部皮膚就能夠恢復正常了。

4.**懷孕期間游泳** 游泳是懷孕期間最好的運動之一，因為全身都受到了支撐。但是水中的氯和化學物質會使皮膚變得乾燥，讓肌膚看上去又乾又憔悴。因此，一定要使用營養豐富的肌膚乳液來消除乾燥感覺。

5.**按摩隆起的腹部** 肌膚在懷孕期間要承受很大的壓力，會產生許多妊娠紋，特別是腹部區域。用精油、乳霜或者凝膠按摩隆起的腹部，來保持肌膚柔軟和富有彈性，並且促進血液循環。如果你有腹部疼痛的煩惱，這樣做也有緩解作用。

6.**換產品** 懷孕期間，荷爾蒙造成肌膚和頭髮的改變和敏感，所以要重新選擇適合你的保養品，平時用的可能在此時不是你的最佳選擇。

7.**滋養肌膚** 由於妊娠期間新陳代謝加速，肌膚細胞的脫落也隨之加快，所以要塗抹比平時更多的滋潤液來滋養皮膚，保持肌膚的健康。特別要注意膨脹的皮膚區域，例如乳房和腹部。盡量選用天然純淨的滋潤霜，像是可可油之類，因為所有用在肌膚上的產品都可能滲透到血管裡。

8.**喜歡你的孕婦曲線** 與其為你與日俱增的孕婦曲線而擔憂，不如改換成鬆軟的捲髮，借助化妝來讓你看上去更有女人味。畢竟只有9個月而已，越快接受你的新曲線，就越會喜歡上它們。

9.**人工美黑霜淡化妊娠紋** 人工美黑霜可以幫助遮蓋妊娠紋，降低它們的能見度。這種方法對於粉紅的膚色效果最佳。自然曬黑法會讓妊娠紋更加明顯，所以要遠離陽光。

10. **足部保養** 因為懷孕期間體內大量的血液循環，容易造成足部疲勞和發腫。含有薄荷醇的足部醒膚凝膠能夠真正讓你在漫長的一天後重振精神，把腳抬高休息效果更佳。

11. **站直** 體重和重心的改變是懷孕期間要經歷的一個正常階段，這時候很容易駝背。站立或行走時，試著讓臀部和肩膀成一直線，而不要翹著臀部。好的站姿不僅可以讓你看上去更高且不顯矮胖，還能均勻分布嬰兒體重所帶來的壓力。

12. **避免使用A酸** 雄性激素的增加，使得孕婦在懷孕前三個月裡很容易產生皮膚問題，但是要避免使用含A酸的去痘調理液，它可能會對發育中的胎兒造成傷害。

13. **謹慎對待油膩部位** 妊娠期間如果臉部皮膚開始容易出油，使用洗面乳、滋潤霜和防曬霜時要檢查上面是否有不會促使黑頭粉刺形成（不堵塞毛孔）和不會造成粉刺形成的字樣。

14. **增加去角質膏的使用次數** 在懷孕期間皮膚的再生能力加快，這就意味著死皮更容易堆積在皮膚表面，造成皮膚灰暗和粉刺的生成。每天早晚徹底清洗臉部，一周使用去角質2～3次，在臉上和身體上溫和地去除角質，可以保持肌膚柔滑、乾淨和血液順暢。

15. **需要特別注意的部位** 因為身體都集中精力在發育中的胎兒身上，懷孕時期，手部、足部、小腿和手臂經常是循環系統容易忽略的部位。輕微的運動和按摩能促進這些部位的血液循環，可以消除乾燥感和刺痛感。

16.**正視新臉型** 懷孕時許多女性的臉型會變得更圓更豐滿。與其整日為此難過，不如向你的美髮師尋求建議，做細微的髮型調整來適應你的新臉型，例如及肩的直髮可以讓你的臉頰看起來比較纖瘦。

17.**不用含有化學試劑的產品** 不要用含有化學試劑的產品和直髮器來拉直頭髮，這都可能會影響到腹中胎兒。用直髮護髮霜、天然的髮刷和有噴嘴的吹風機使秀髮自然下垂，或者也可以選擇輕薄的凝膠定型液來撫平天生的捲髮。

18.**嬰兒護膚品最好** 溫和的嬰兒產品適合由於荷爾蒙劇增引起的敏感性肌膚，所以可以使用專為嬰兒設計的嬰兒油、洗髮精和痱子粉。選用不含香料的產品。

19.**用頭巾扎起頭髮** 懷孕期間或者照顧嬰兒的時候，長髮會顯得格外悶熱和惱人。用時髦的髮束或頭巾把秀髮固定在腦後，可以讓你舒適地做日常事務，同時不影響你的魅力。

20.**勿用化學試劑** 大多數醫生和髮型師都建議，在妊娠前三個月裡不要在頭髮上使用任何化學藥劑，因為那時人體對化學氣味格外敏感，包括染髮、燙捲髮和燙直髮。就算懷孕三個月後你想這樣做，也要去請教專家的意見，因為這個過程是否對胎兒有害到現在還一直爭論不休。想要安全地進行染髮，可以用染髮棒、染髮凝膠或者染髮膏，它們能暫時提供無毒的亮麗色彩，一直維持到下次清洗為止。

21. **植物性染髮膏** 懷孕期間染髮，要避免染髮產品直接接觸到皮膚和頭皮，防止化學藥劑滲透到血管裡。為了保證安全，選擇挑染來代替整體染髮，這樣可以不接觸到頭皮。懷孕時不要用你平時使用的漂白或者氨水產品挑染，選用不含化學成分的植物染髮膏。

22. **頭髮乾燥是自然現象** 哺乳會讓頭髮變得非常乾燥，因為體內的大量營養都給了嬰兒。等哺乳期結束就會恢復正常，這之前你可以選用更滋潤的洗髮精和深層護髮素。

23. **不要素面朝天** 孕婦犯的最大錯誤就是完全不化妝，其實稍稍塗點眼影和唇膏可以讓你煥發自然光彩。因為體內血液流動的加快，臉頰通常會泛紅和有斑點，用顏色自然的粉底液或者遮瑕膏來掩蓋它們，並且好好滋潤臉頰，防止乾燥及膚色不均。

24. **散發迷人香氣** 噴灑一點清爽怡人的香水，可以讓你渾身散發迷人香氣。選用淡淡的花香或清新的海洋香水，它們不會使你喘不過氣來或者想要嘔吐。

國家圖書館出版品預行編目資料

美麗宅急便：越讀越美麗，從頭到腳寶貝妳自己 / Esme Floyd作；
合譯工作室譯. -- 第一版. -- 臺中市：十力文化，2007.08
　　面；　公分. -- （樂活館；L702）
　　譯自：1001 LITTLE BEAUTY MIRACLES
　　ISBN 978-986-83001-4-9（平裝）

1. 美容

424　　　　　　　　　　　　　　　　　　　　　　96014786

樂活館　L702

美麗宅急便

——越讀越美麗，從頭到腳寶貝妳自己

作　　者	ESME FLOYD	譯　　者	合譯工作室
責任編輯	郭婉玲	插　　畫	劉鑫鋒
校　　對	林昌榮	行銷企劃	黃信榮
封面設計	陳鶯萍		

發 行 人　劉叔宙
出 版 者　十力文化出版有限公司
地　　址　台中市南屯區文心路一段 186 號 4 樓之 2
電　　話　(04)2471-6219
網　　址　www.omnibooks.com.tw
電子郵件　omnibooks.co@gmail.com

總 經 銷　商流文化事業有限公司
地　　址　台北縣中和市中正路 752 號 8 樓
電　　話　(02)2228-8841
網　　址　www.vdm.com.tw

印　　刷　通南彩色印刷有限公司
電　　話　(02)2221-3532
電腦排版　陳鶯萍工作室
電　　話　(02)2357-0301

出版日期　2007年 8 月 15 日　　　　ISBN　978-986-83001-4-9
版　　次　第一版第一刷　　　　　　著作權所有・翻印必究
定　　價　180

1001 LITTLE BEAUTY MIRACLES by Esme Floyd
Text and design copyright © 2006 Carlton Books Limited
Complex Chinese translation copyright © 2007 by Omnibooks Press Co.,Ltd.
Published by arrangement with Carlton Books Limited
through BIG APPLE TUTTLE-MORI AGENCY INC.
ALL RIGHTS RESERVED